파울로 솔레리와 미래 도시

The Urban Ideal: Conversations with Paolo Soleri
by Paolo Soleri, edited by John Strohmeier
Copyrihgt ⓒ 2001 by Paolo Soleri
All right reserved.

Korean translation edition ⓒ 2004 by Da Vinci Publishing Co.
Published by arrangement with Berkeley Hills Books, California, USA
via Bestun Korea Agency, Korea.

이 책의 한국어판 저작권은 베스툰 코리아 에이전시를 통하여
저작권자와 독점계약한 르네상스에 있습니다.
저작권법에 의하여 한국 내에서 보호를 받는 저작물이므로
무단 전재와 무단 복제를 금합니다.

이 도서의 국립중앙도서관 출판시도서목록(CIP)은
e-CIP 홈페이지(http://www.nl.go.kr/cip.php)에서 이용하실 수 있습니다.
(CIP제어번호: CIP2004000626)

파울로 솔레리와 미래 도시

생태와 건축의 만남 아르코산티

파울로 솔레리 지음
이윤하·우영선 옮김

르네상스

파울로 솔레리와 미래 도시
생태와 건축의 만남 아르코산티

지은이 | 파울로 솔레리
옮긴이 | 이윤하 · 우영선
펴낸이 | 최미화
펴낸곳 | 도서출판 르네상스

초판 1쇄 인쇄 | 2004년 3월 20일
초판 1쇄 펴냄 | 2004년 3월 30일

주소 | 121-801 서울시 마포구 공덕1동 105-225
전화 | 02-3273-5943(편집), 02-3273-5945(영업)
팩스 | 02-3273-5919
메일 | re411@hanmail.net
등록 | 2002년 4월 11일, 제13-760

ISBN 89-90828-08-2   03540

* 잘못된 책은 바꿔 드립니다.

역자 서문

　우리는 수많은 더듬이를 가지고 자기가 놓여진 상황을 인지하고, 여러 경로를 통해 시간의 켜 너머에 있을 미래를 예견한다. 수많은 문명이 나름의 이름으로 세상에 생성되기도 하고, 소진되어 명멸해 가는 이 시대에서 우리는 무엇을 기반으로 전망을 세워야 하며 어떻게 준비해야 할지를 모색해야 한다. 모두들 지구의 위기와 도시의 미래에 대해 경고하지만 그 전망은 수평적 담론의 확산같이 공허하다. 이러한 상황에서 오늘날의 우리 도시는 애리조나 주의 아르코산티에서 보내오는 메시지와 교신하여 길을 모색해야 한다. 우리나라에서 단순히 생태주의 건축가로 소개된 파울로 솔레리를 한 시대를 고민하는 철학자로서 사상가로서 폭넓게 이해하며, 여기 이 책에서 쏟아내는 그의 대화를 통해 미래에 펼쳐질 우리의 이야기를 듣고자 한다.
　파울로 솔레리는 20세기의 현실 진단을 바탕으로 다가올 이상도시를 계획하고 그 사상을 정초한 유토피아적 건축가로 알려져 있다.

하지만 그는 이 말에 동의하지 않는 듯하다. 그에게 이상 도시는 현상적 미래로 읽혀지고 다가올 패러다임으로 구체화하는 작업이다. 그래서 그는 애리조나에 정착하였고 그곳에서 미래의 도시를 구축하고 있는 것이다. 그의 도시는 거친 광야에서 일구어 대지에 뿌리박은 거대한 식물이며 거주를 위해 스스로 자라나는 최소 단위의 숲이다.

그는 과학적 혁명이 인간을 지배하면서 과학적 결정론을 섬기게 된 것이 인간의 실수라 회고하며, 유기주의적 도시 구조와 생태주의적 사상을 배태한 아르콜로지(arcology)라는 개념의 어휘를 생산해냈다. 아르콜로지는 건축(architecture)과 생태학(ecology)이라는 두 어휘가 합성된 말로써 솔레리의 건축적, 사상적 배경에서 만들어진 개념이다. 아르콜로지는 생태학에 건축을 용해하여 구체화한 도시 개념이며 고도로 집약된 삼차원을 구축하려는 개념이다. 이것은 인간이 점유하고 있는 대지, 생활에서 소비하고 있는 에너지와 시간 등이 현재 평면적으로 확산되어 어쩔 수 없이 비효율적일 수밖에 없는 도시 구조를 집약화한 도시로 만들어야 한다는 이론이다.

이 개념은 복잡성과 유기체성에 토대를 두고 있다. 그는 신의 뛰어난 특질은 복잡성이라고 지적했으며 그 맥락 하에서 유기체성을 찾고자 했다. "이 복잡이라는 성격이 존재하지 않는다면, 전체 속에서 신의 은총은 나타날 수 없습니다. 즉, 부분과 전체를 동시에 포함하는 것은 불가능합니다. 진심으로든, 시험적으로든, 혹은 현재에서든 미래에서든 상관없습니다만, 복잡성의 집약체로서 한번 신을 받아들여 보십시오. 그러면 무한의 의식, 무한의 공존, 무한의 연대, 무한의 지식, 무한의 이해, 무한의 사랑, 무한의 총합이라는 것을 알게 될 것입니다."

또한 솔레리는 유기체가 발전할수록 그 내부의 복잡성은 커지면서 집약되고 최소화 체계로 전이된다고 한다. 도시도 사회적, 문화적, 정신적 진화를 거치며 자연계처럼 복잡화되고 축소된 유기체적 구조로 진행해 나간다는 것이다. 그는 이러한 도시의 유기체성을 도시 효과(urban effect)로 설명한다. 그의 주장에 따르면, 그것은 기본적으로 수많은 물질적 분자들이 단순히 물리학 법칙에 따르지 않고 스스로의 운행 방식 하에 상호 작용을 일으키는 시원적 현상을 말한다. 시공간 속의 에너지가 물질적 차원의 진화 과정을 거쳐 정신으로 변하는 원리인 이러한 도시 효과는 서서히 진전되는 내부화, 혹은 도시화 과정으로 귀결된다.

아르콜로지를 통해 솔레리가 진행 중인 미래 도시의 실험은 아르코산티(Arcosanti)와 그의 건축, 도시계획 연구를 지원하기 위해 만든 코산티(Cosanti) 재단의 후원 하에 지속되고 있다. 1956년 설립된 코산티 재단은 에리조나외 고지에 위치한 현무암 사막지대에 실험적인 도시인 아르코산티를 아르콜로지의 개념에 따라 건설하기 시작했다. 이 모델을 통해 인간의 지구 훼손을 줄이고 새로운 도시 구조가 제시될 것이다.

그가 계획한 이 집약 도시는 살아 있는 유기체적 건축과 생활의 상호교류를 통해 생태주의적 거주하기를 기본 방침으로 삼고 있다. 같이 노동하고, 물적 자원과 인적 자원이 효율적으로 교류되고, 다용도 공간을 활용하고, 태양열을 이용하여 조명 및 냉·난방을 자연에너지로 순환시키는 등의 다양한 체계를 갖추고 있다. 도시를 축소화하고 집약시켜 도시 내부에서는 주로 걸어서 이동하고, 자동차를 위한 길을 줄여 대지와 에너지, 자원의 소비를 근본적으로 줄이자는 생각이다.

솔레리의 아르콜로지는 생태주의를 위해 고민하고 건강한 공동체를 꿈꾸는 많은 이들이 21세기에 바라는 생태도시의 기본적 서사구조이다. 비록 구축의 방식과 건축화 과정은 서로 다를 수 있지만, 그가 이 거대한 시대적 도시 담론을 애리조나 고원지대에서 안테나를 세우고 우리와의 교신을 원하고 있는 것이다. 이제 우리가 화답할 차례다.

2004년 3월

이윤하 · 우영선

차례

역자 서문   5

파울로 솔레리와의 대화
편집자 서문   13
서문   16
아르콜로지, 그 시작과 끝   27
진화하는 도시   84
의식의 건축   109
공평성을 담는 공간   148
생존과 초월 사이에서   162
아르콜로지의 구체적 대안   197
우주의 시민들   203

아르코산티로 가는 길
우리 시대의 다빈치, 파울로 솔레리   227
아르코산티의 첫 삽을 뜨다   236
아르코산티 사람들   241
아르코산티의 농업   249
워크숍 프로그램   252
아르코산티 답사하기   254
피에르 테이야르 드 샤르댕과 솔레리   260
지구의 인구   263
보존의 필요성   265
아르코산티 관광   267

연보   272
용어 해설   277

파울로 솔레리와의 만남

편집자 서문

존 스트로마이어(John Strohmeier)

　　건축가이자 철학자인 파울로 솔레리를 존경하는 사람들과 여러 학생들은 그의 일생과 작업을 소개하는 간단하면서도 쉽게 접근할 수 있는 글이 아쉬웠다. 이러한 요구에 부합하여 발간된 것이 이 책이다. 여기에 지난 30년 동안 기록된 일곱 차례의 대담을 모아 놓았다. 이 글들을 통해 그의 주요 가설을 살펴볼 수 있으며 놀라운 독창력을 발휘하며 그 성과를 쌓아 나가는 동안 그의 생각이 어떻게 발전되어 왔는지를 볼 수 있다.

　　각 대화가 정확히 시간 순서대로 되어 있는 건 아니다. 처음 두 편은 1995년과 2000년에 이루어진 대담인데, 이 책의 서론 격으로 최근까지 이어온 솔레리의 사상들을 한눈에 알 수 있게 해 준다. 그 다음에 이어지는 다섯 편의 대담은 1973년부터 지금까지 그의 생각이 진전되는 양상을 다루고 있다. 물론 이 대담들에는 중복되는 내용들이 있긴 하지만, (예를 들어 검약성이나 복잡성과 같은 개념들이 여러 대담에서 거론되고 있다.) 각 대담자들의 다양한 관심도를 바탕으로 각각 고유한 맥락 하에 진행되었다. 그래서 여러 생각들은 늘 새로운 방식으로 전개되고, 각 상황의 연속성이라는 전제 하에 좀 더 심층적으로 조명되었다.

반세기 가깝게 파울로 솔레리가 공인이었다고는 하지만, 그가 언급했듯이 1956년에 미국에 정착하자마자 애리조나의 사막지대에 칩거했으며 그때부터 다소 은둔자적 자세로 작업을 추진해 온 것이 사실이다. 그러나 인간 정주지와 인간성, 의식, 연민의 본질에 대해 그가 분명하게 가르쳐 온 교훈은 현재의 우리는 물론 미래의 세대들에게도 아주 중요한 가치를 담지하고 있다. 좀 더 긍정적으로 진전되는 행로를 찾아 나가게 해 주는 근본적인 열쇠는 바로 이러한 교훈들이 쥐고 있다. 만일 좀 더 폭넓은 독자들에게 이 교훈들을 호소력 있게 피력하는 데 성공한다면, 이 책은 그 목적을 달성했다고 할 수 있을 것이다.

아르코산티를 방문하는 동안 이 책을 만드는 데 큰 도움을 주고 융숭히 대해 준 도미아키 다무라와 메리 호들리(Mary Hoadley)에게 감사를 표하고 싶다. 여러모로 도와주고 신속하게 일처리를 해 준 코산티 문서국 국장인 제프리 만타(Jeffrey Manta)에게도 고마움을 전한다. 또한 아르코산티 주민들의 격려와 친절함도 잊을 수 없다. 특히 빅터(Victor), 루즈 에이드리아나(Luz Adriana), 파올라드레아(Paolandrea), 빅터 마누엘(Victor Manuel) 등의 아르코스(Arcos) 가족들과 데이비드 톨라스(David Tollas), 나디아 베긴(Nadia Begin)과 아들 트리스탄(Tristan), 수 아나야(Sue Anaya)가 기억에 남는다. 고된 일을 견디고 끈기를 발휘하여 솔레리의 생각들이 더 많은 독자들에게 전달될 수 있게 해 준 캐슬린 라이언(Kathleen Ryan)에게 다른 누구보다 큰 감사를 드린다.

서문

제프리 쿡(Geffrey Cook)

    파울로 솔레리가 생각하는 이상적인 도시는 간명하면서도 오래된 전제에서 출발한다. 인간은 사회적 동물이기 때문에 인간적 담론과 상호교류를 위해 설계된 도시는 사람들에게 적합한 거주지가 되어야 한다고 솔레리는 믿는다. 따라서 그는 인간, 즉 다른 종과 달리 깊은 통찰과 고심 어린 지적 용기를 겸비하며 자의식적 사고를 하는 유일하게 살아남은 영장류, 호모 사피엔스를 존중한다. 그러나 솔레리는 주변의 자연 환경을 점차 인공 환경으로 변모시키는 도구 제작자이자 물건 제조자인 호모 파베르, 즉 행동하는 인간도 존중한다. 솔레리는 이상적 인간의 사회적 정주지를 위한 설계 이론에 자신의 창조적 역량을 집중시켜 왔다.

☯

    솔레리의 인생관은 20세기에 일어난 두 번의 세계대전 사이에 남부 유럽에서 유년 시절을 보내면서 형성되었다. 이 형성기에 이탈리아 파시즘이 대두되면서 미친 영향은 솔레리의 성장 배경에서 중요한 부분을 이룬다. 이 기간 이탈리아에서 일어난 로마 가톨릭의 변화가 끼친 영향은 좀 더 미묘한 차원을 가진다. 솔레리의 종교적 성향에서 잘 드러나는데, 후에 프랑스 예수회 신학자인 피에르 테이야르 드 샤르댕(Pierre Teilhard de Chardin)의 저작들을 접하면서 삶의 확고한 방향을 가지게 된다.

◎⊙

도시에 대한 솔레리의 감성은 다분히 지중해 연안의 이탈리아에서 비롯되었다고 할 수 있다. 지중해 연안의 도시 생활은 사람들이 오고 가고, 서로 교류하는 일상과 계절의 밀물이나 썰물로 연출되는 지속적인 공동체의 드라마와 같다. 관중과 배우가 하나로 융화되는 이러한 집단적 인간 활동의 사회적 뿌리는 약속된 땅과 기후 하에 오랜 기간 고양되어 온 고대 지중해의 그리스·로마 문화이다. 바로 이 문화가 쌓아온 감탄할 만한 퇴적물로부터 솔레리는 현존하는 인간의 가치를 배웠다. 그러나 환상적이며 밝은 미래에 대한 초기 시각은 미국의 영화나 잡지를 통해 낭만적으로 조성된 것이다 신세계의 고된 현실로 이주하여 접한 것은 메마른 미국 남서부의 거친 지형, 달 표면과 같은 경치가 펼쳐지는 애리조나 사막의 건조한 대기와 그 극단에 위치한, 열광적으로 자동차 위주의 생활을 하는 사람들의 문화 생활이었다.

◎⊙

경제성, 검약성, 사회적 양심에 기반을 둔 솔레리의 여러 개념들이 어떻게 지구상에서 가장 소비 지향적이고 자유분방한 나라로 유명한 미국에서 출현하고 유지되어 왔을까? 어쩌면 밝은 미래에 대한 기대를 지속시켜 주었던 것은 이러한 신세계의 영향이었을지 모르며, 미국의 생활 방식은 솔레리의 이념을 발전시키는 데 일조를 하였을 것이다. 거의 반세기 동안 그는 파라다이스 계곡의 한 마을에서 5에이커의 땅에 의지하며 살았다. 이곳은 애리조나 주 피닉스 근처에 위치한 지대가 높고 인구밀도도 최저인 '주거전용' 집단 취락지이다. 솔레리는 아메리칸 드림 주택이 성행한 시기에 살았고, 그러한 환경의 한가운데서 살았다. 이 주택은 농촌 경치 속에 에워싸인 은거지로 삼기에 이상적인 큰 규모의 고립된 단독주택이다. 목가적이지만 비생산적인 이 저택들은 엄청나게 큰 대형 자동차가 있어야만 유지된다. 이 두 가지는 인간의 각종 변덕들을 만족시키며 기계적인 마찰음을 내기도 한다. 자기 정체성과 사회적 가치는 비대해진 욕구들이 사회 전반에 스며들어 시각화되고, 상품화되고, 사치스러워지는 양상에 의해 좌우된다.

미국의 많은 광고는 도시가 아니라 도시 교외의 도시적 파편들, 즉 제멋대로인 주택들, 수많은 자동차들의 확장에만 기여하고 있다. 이러한 소비 기제들은 점점 더 먼 곳에서부터 가져온 물자에 의해 제공된다. 마찬가지로 미국의 다가구 주택이나 고층 집합 주택은 사회적인 측면에서 전혀 긍정적이지 못한 상황을 보여 준다. 물론 부유한 사람들에게는 별 문제되지 않는 상황이긴 하다. 이들은 선택된 몇몇 도시 군락에서만 잘 살고 있는 유일한 미국인들처럼 보인다. 이러한 사회적 섬 같은 곳들은 여전히 둘러볼 가치가 있다고 여겨지는 뉴욕이나, 샌프란시스코 등의 몇몇 도시에서 발견된다. 그러나 일반 대중으로서의 미국인들은 '고밀화'라는 용어에 대해 거의 병적인 반응을 보인다. 이 고밀화는 풍요로운 삶을 위해 솔레리가 제시하는 핵심적 전제이며, 이러한 삶은 조화로운 '사물들의 숲'을 통해 투사된다.

ⓖⓖ

솔레리의 이상 도시에는 대학이나 미술관, 음악당, 극장, 도서관과 같은 대규모 시설을 폭넓게 세우는 일도 포함되어 있다. 그는 삶의 질을 향상시키는 이러한 문명의 형성 요인들에 대해 언급한다. 그러나 도시의 재미를 감지해 내는 솔레리 개인의 감성은 사적이며, 무궁무진하며, 복잡해서 간파되기 어렵다. 아이가 태어나 놀고 연애를 하고 제짝을 만나 새로운 가정을 꾸리게 되는 모습, 마치 나무가 자라듯이 느리게 진행되는 도시의 모습들에서부터 늘 새로운 느낌으로 가정에 재생되는 순간적인 장면들까지, 즉 물을 뿜어내는 분수의 생생함, 동네를 어슬렁거리는 개와 고양이들의 모습, 이웃집 지하실에서 배어나오는 정감 어린 커피 향기까지 모든 일상들은 항상 새로운 감성들을 제공하는 즐거움들이다. 이것은 친구와 적이 서로 교류할 수도 있는 도시 환경에서 그 진가를 발휘한다. 그러나 이것은 금요일 밤에 도시 근교로 드라이브를 나가면서 얻을 수 있는 장면은 아니다. 솔레리의 이상 도시는 인간성에 가장 충실한 지속적 감각들이 한데 어우러지는 하루하루의 일상에 있다. 무르익은 일상의 삶들이 바로 이 개념이다. 박물관과 같은 전통적인 문화기관들도 중요하지만, 솔레리가 가장 중요시하는 도시 시설은 개인들의 감성을 구제해 내는 것들이다.

☉☾

거장들과의 연속성을 유지하고 있고, 주장하는 내용이나 방침 등을 볼 때, 솔레리는 근대 건축의 영웅적 시대를 잇고 있는 사람이라고 할 수 있다. 솔레리가 학생 때 막연하게 처음으로 존경한 건축 영웅은 르 코르뷔지에(1887~1965)였다. 모더니즘의 선구자였던 르 코르뷔지에는 혁명적인 생각과 행동을 보여 준 사람이었다. 그의 지적에 따르면, "우리는 인간을 다시 찾아야 한다. 생태와 자연, 우주의 본질적 법칙들이 교차하는 선들을 다시 발견해야만 한다." 1929년의 사보아 주택 같은 교외의 단독주택에서 1931년의 알제리의 경우와 같은 도시계획에 이르는 르 코르뷔지에의 모델들은 땅에서 해방된 듯하다. 필로티라는 거대한 기둥과 가지런한 플랫폼은 인공과 자연을 분리시키고, 자연을 훼손시키지 않고 유지할 수 있게 해 준다.

☉☾

그러나 솔레리와 가장 밀접한 관련이 있는 근대 건축의 영웅은 프랭크 로이드 라이트(1867~1959)이다. 솔레리 자신도 그의 사무실에서 일 년 넘게 일한 적이 있다. 라이트가 준 많은 교훈 중에 중요한 것은 디자인의 통일성이었다. 어떤 규모이든지 간에 모든 구성요소들은 전체 설계 개념의 연장선상에 있어야 했다. 심지어 테이블 식기와 같은 물품에도 적용되었다. 또한 라이트의 모델은 자연 환경과 인공 환경을 혼합해 놓은 장소이며, 자연 세계로부터 얻은 감흥을 인공을 통해 발전시키고 고양시킬 수 있는 곳이다. 자연이 주는 교훈을 해석하여 도출된 라이트의 '유기적' 철학에 대한 열정도 솔레리가 찬사를 보내는 것 중에 하나이다.

꘏

솔레리는 비역사주의적인 모더니즘의 건축 어휘를 구사했다. 이보다 더 중요한 것은 그가 근대 운동의 사회경제적인 프로그램을 포용했다는 점이다. 따라서 20세기 후반의 많은 주도적인 건축가들이 모더니즘의 어휘와 사회적 책임의식을 포기하고 가면적인 내용과 표현을 쫓아간 반면, 솔레리는 모든 방면에서 모더니즘의 범례를 긍정적으로 이어오고 발전시켰다. 새로운 구축 재료와 컴퓨터와 같은 새로운 인지 기반과 조작 수단 모두를 받아들이면서도 전 세계적 빈곤과 인간의 타락, 자원 고갈과 같은 문제에 관심을 쏟기도 했다. 인도주의적 대의의 거목다운 솔레리의 영웅적 자세는 전혀 멋들어지거나 그럴 듯한 것은 아니다. 이러한 대의들의 대부분은 산업혁명 초기에 등장한 가치들 때문에 생긴 미완성의 과업들이다.

꘏

전 세계를 황폐화시킨 두 차례 세계대전의 참상에 저항한, 활발하고 건설적인 선언서들의 핵심적 생각들을 가진 국제주의적 건축가로 그는 알려지기 시작했다. 생각하는 영장류가 달에 그 종족의 발자국을 남긴 20세기 중반 이후의 낙관적인 전후 세대들 사이에도 다국적 산업주의가 보통 사람들의 열망을 구체화시킴은 물론 기본적인 생활까지 보장할 수 있는지를 따져 보는 물질적 실용주의 물결이 있었다. '인간과 환경을 조화시키려는' 솔레리의 고귀한 목표는 버크민스터 풀러(Bucky Fuller)가 최초로 다이막시온(Dymaxion) 주택을 설계한 1927년부터 1960년대 말까지 이루어진 산업 자본주의에 기초한 포괄적 이상주의의 절정의 하나로 출현한 것이었다.

⊙⊙

이 시기에 레이너 반함(Reyner Banham)의 『거대구조(Megastructure: Urban Futures of the Recent Past)』(1967)가 널리 유포되었다. 이 책에서는 교환 가능한 부분들을 갖춘 대규모의 특정한 다목적 건물 유형들이 실험적으로 제기되어 있다. 이것은 모더니즘이 표방한 구축적 기획의 마지막 조류를 형성했다. 즉 거대구조물에 대한 최후의 걸작인 셈이다. 모든 공동체들이 그 고유한 환경을 조성할 수 있는 기념비적인 구조 개념의 틀을 제안하면서 솔레리는 1960년대의 이러한 다국적 기업의 의도들에 대해 분개했다. 1971년도에 솔레리가 처음으로 낸 저서 『아르콜로지(Arcology: The City in the Image of Man)』의 첫 마디는 "이 책은 소형화(miniaturization)에 관한 것이다."였다.

⊙⊙

반함은 "근대 운동의 공룡들"이란 제목의 결론에 솔레리의 작품을 포함시켰다. 그러나 30여 년간 이루어진 이 세 번의 대담에서도 나타나겠지만, 새 천년을 맞아 솔레리만이 그의 초기 비전들을 영웅적으로 지속하여 발전시킬 수 있었다. 모든 건축적 이미지에서 근본적 측면인 구조적 시각성은 제쳐 두고서라도 다른 건축가들과의 차이점은 솔레리가 깊이 있는 사회적 의제를 제시하고, 확고한 환경 친화적인 주장을 했다는 것이다. 이러한 점이 바로 그와의 대화에서 발견되는 기본적인 사항들이다. 따라서 솔레리의 건축 세계를 이해할 경우, 건축적 대상 자체와 그 이념들을 혼동할 위험이 끊임없이 존재한다.

──◎◎──

이념이나 실천 모두에서 강력함을 보여 주고 있음에도, 솔레리가 제기하는 경구들은 종종 그 다이어그램적 분석이나 건축적 이미지들과 따로 이해되곤 한다. 그러나 그의 도면들은 놀랄 만큼 멋지다. 솔레리의 걸작인 『아르콜로지』는 건축적 섬광처럼 빛나는 도면들을 통해 20세기의 위대한 작품 중에 하나가 되었다. 이 책에서 직접 지어진 것들은 많지 않고 이 책의 영향을 받고 나타난 결과물들도 그리 많지 않지만, 책 자체만으로 평가해 볼 때, 이 책은 인간 문명의 진보를 기획해 내는 다가올 새 천년의 의식에 심어질 자생적 도면 씨앗봉지와도 같다. 이러한 이미지들이 압도적인 것으로 느껴지는 반면, 솔레리 스스로 자신의 이론적 의제들과 건축 설계들을 스스로 분리시켜 이해하곤 한다. 그는 이러한 건축 설계의 전문가임을 자청하지는 않는다. 사람들이 자신을 기억할 때 가장 중요하게 인식되어야 부분은 그의 철학적 논제들이라고 그는 믿는다.

──◎◎──

건축은 본질적으로 물질성과 관련된 예술이다. 솔레리의 주장에 따르면, 지구에 있는 자연적 정주지들을 위협하고 있는 것은 바로 이 물질성에 대한 인간의 집착이라고 한다. 과학적 조사에 의해 점차 솔레리의 임의적인 성찰들이 사실로 증명되어 오고 있다. 솔레리는 의식에 기반한 윤리적인 선험들을 먼저 확고히 규정한 상태에서 물질성에 대해 고민한다. 그는 이 물질성이 생존의 필수적인 사항이라기보다 종의 진화에 본질적인 것이라고 이해한다. 검약성을 일관적으로 주장하기 때문에 그가 거대한 도약과도 같은 생각들을 제안하지 못하는 것은 아니다. 고립된 호모 사피엔스가 지금까지 상상해 왔던 것 중에 가장 야심찬 도약 중에 하나라고 할 수 있다.

⁌⁍

용기 자체와 그 내용물을 서로 혼동하는 것은 특히 위험한 일이다. 왜냐하면, 솔레리가 기념할 만하고 설득력 있는 건축 설계를 선보였기 때문이다. 1963년에 벌써 솔레리는 미국 건축가협회(AIA)로부터 손으로 형태를 빚어내는 사람에겐 큰 영광인 '올해의 장인'상을 수여했다. 솔레리의 이상 도시 개념은 완전성, 즉 우주적 조화와의 합일을 추구한 고대 그리스의 이상이 메아리치는 듯한 완벽한 프로그램을 보여 준다. 솔레리의 모티브들도 그리스와 마찬가지로 고귀한 차원을 가진다. 그는 인간의 정체성과 가치에 대한 크나큰 딜레마에 대해, 즉 "어떻게 살아야 할까?"에 대해 끊임없이 고심한다. 그러나 우리 시대는 그때보다 훨씬 더 복잡하다. 또한 오늘날 지식의 민주화는 그 이전의 어떤 시대보다 더 완전한 상태에 이르렀다. 때때로 서투르게나마 솔레리는 인간 조건과 그 잠재력을 탐구하고 면밀히 규정한다. 그는 관습적인 정의나 형식에 갇혀 있는 학자라기보다 정해지지 않은 방법과 자유해답식의 질문으로 작업하는 철학자이다. 따라서 그의 기획은 신비한 연금술적 차원을 지니지 않는다. 어떤 정해진 지침이 없는 해결되지 않은 많은 질문들, 많은 쟁점들과 윤곽이 없는 수많은 세목들이 있다. 이러한 이상적 목표들을 높은 경지의 확고함에 이르게 하도록 그 자신만의 불완전성과 미완결성을 인정한다. 짐들은 서로 나누어야 하는 것이다. 그가 할 수 있거나 상상하는 것보다 더 많은 것들이 여전히 남아 있다.

2001년 8월
애리조나 주 템페에서

아르콜로지, 그 시작과 끝
서론

파울로 솔레리와 편집자 존 스트로마이어(John Strohmeier), 캐슬린 라이언(Kathleen Ryan)과의 대담이다. 이들은 애리조나 코르데스 사거리 가까이 아르코산티에 위치한 솔레리의 아파트에서 대담을 나누었다. 이 장은 솔레리의 작품을 간략히 설명해 주는 서언의 역할을 할 것이다. 그의 철학과 인생 경험에 기반을 둔 작품의 뿌리를 시사해 주고 있기 때문이다.

✺

솔레리 처음으로 거슬러 올라가 봅시다. 저는 1919년 6월 21일에 토리노에서 태어났습니다. 그날은 일 년 중 낮이 가장 긴 하지였습니다. 솔레리라는 제 성은 '태양인 자'를 뜻합니다. 이탈리아에서는 우리 모두가 태양입니다. 우리는 모두 태양의 아들인 셈이죠.

스트로마이어 그 이름 때문에 당신이 좀 더 특별한 사람으로 보이는 건 아닌가요?

솔레리 그렇지 않습니다. 우리 모두가 태양의 자식입니다. 그저 저의 이름에서 이 사실이 다시 한번 확인된 셈일 뿐입니다. 저희 가족은 도심과 아주 가까운 곳에 있는 아파트에서 살았습니다. 저와 부모님, 형과 누이 그리고 항상 사촌들과 함께 살았습니다. 당시 토리노는 자동차 중심의 도시였습니다. 100년 전부터 이곳은 이탈리아의 주 산업도시였지요. 피아트(Fiat)의 본 공장이 들어섰기 때문에 지금은 훨씬 더 산업화된 도시가 되었습니다.

스트로마이어 마치 토리노가 디트로이트와 같은 시대상을 걸었던 것처럼 들립니다. 디트로이트는 1920년대와 1930년대에서 발견되는 도시의 보석과도 같았습니다.

솔레리 토리노가 바로크 도시보다 먼저 정착했다는 점이 주목할 만합니다. 이 도시는 로마시대까지 거슬러 올라갑니다. 로마 시대의 폐허들이 남아 있습니다. 르네상스 시대와 그 이후에는 그리 빠르게 발전하지 않았지만, 후에 일부는 프랑스에 속하고 일부는 이탈리아에 속한 작은 국가인 하나의 공국으로 발전했습니다. 그래서 이 도시는 어느 면에서는 하나의 왕국이었던 셈입니다.

스트로마이어 그래서 1920년대의 도시에서 근대 건축은 물론 바로크 건축도 발견되는 듯하군요.

솔레리 그렇습니다. 토리노는 경제가 아주 번창했던 바로크 시대에 계획되었습니다. 그 도시계획은 매우 훌륭했습니다.

스트로마이어 산업화로 인한 부가 전혀 다른 종류의 건축이라는 새로운 물결을 일으켰습니까?

솔레리 그렇다고 할 수 있습니다. 그러한 현상은 합리적 집단에서 출발했습니다. 큐비즘 있잖아요. 아마도 예술에서 큐비즘 등이었던 것 같습니다.

라이언 어린 시절에 이후의 삶을 건축과 함께할 것이라고 생각하셨나요?

솔레리 아니요. 우리 가족은 그리 부유하지 않았습니다. 아버지에겐 네다섯 명의 형제가 있었습니다. 두 삼촌이 무시당했고, 아마 그래서 삼촌이 미국에 갔던 것 같습니다. 이후에 삼촌이 아버지를 초청했습니다. 아버지는 미국에 왔었지만 이곳의 생활에 적응하지 못했고 결국 이탈리아로 돌아갔습니다. 아버지는 초콜릿 회사에서 장부 정리하는 일을 잠시 한 후에, 전기 설비 일을 하면서 손수 지점을 내려고 하셨습니다. 스토브 같은 난방 기구들을 만들었고, 어느 정도 성공도 거두었습니다. 파시스트 체제를 받아들일 수 없었기에 그 후 아버지는 프랑스로 이주하셨습니다. 우선 아버지 당신 혼자 먼저 가시고, 한동안 두 나라를 오가다가 모든 가족을 그곳으로 데리고 가려고 하셨습니다. 하지만 제대로 되지 않았습니다. 우리 가족은 일 년 좀 넘게 그곳에 있다가 다시 이탈리아로 돌아왔습니다.

스트로마이어 프랑스에 계신 동안 학교를 다니셨나요?

솔레리 그때 중학교에 다녔었고 그 후에 그르노블에 있는 산업디자인 학교에 입학하여 일 년 동안 다녔습니다. 이곳은 고전적 성향의 학교나 과학 위주의 학교 대신에 제가 선택한 미술학교였습니다. 이곳에서 예술사를 배웠고, 디자인의 구체적인 사용 기법들 특히 모사하는 기법을 배웠습니다. 이후 무엇을 해야 할지, 즉 공학부로 갈지 예술학부로 갈지, 건축을 전공할지를 고심하다가 결국 건축의 길을 선택했습니다.

스트로마이어 결정 내리기가 쉬운 편이었습니까?

솔레리 잘 기억나지 않지만, 그랬을 겁니다. 토리노 공대에 입학하여 1946년에 박사학위를 받았습니다. 이보다 더 빨리 마칠 수 있었지만, 1941년에 전쟁이 발발했고, 군대에 복무하기 위해 학업을 잠시 미루었습니다. 도로와 다리를 내고 위장전술을 쓰면서 공병으로 복무했습니다. 알프스에서 복무를 했는데, 날씨가 너무 추워 망치든 뭐든 드는 순간 손이 얼어버릴 정도였습니다. 이후에 우리 부대는 생트로페, 칸 등 이 근처 지역에서 주둔했습니다. 우리는 그곳에 한동안 그저 머물러 있었습니다. 그래서 저는 비자가 만료된 것 같아 버스를 타고 니스 등지로 갔습니다.

시간이 흘러 1942년 1차 파시스트 정권이 무너지자 저는 그리

쓸모없는 존재가 되어 버렸습니다. 군대에서는 누구에게도 해산 명령을 내리지는 않았습니다. 그저 군대 자체가 해체되어 버렸죠. 차후 모든 군인들이 제 갈 길을 갔습니다. 저는 운 좋게도 토리노와 그리 멀지 않은 곳에 있었기에 주로 니스에서 수집한 책과 속옷붙이와 샌들을 가지고 기차를 잡아 타고 고향으로 돌아갔습니다. 전쟁이 끝날 때까지 그곳에서 저는 어디에도 소속되지 않은 채 쥐 죽은 듯이 지냈습니다.

스트로마이어 그 말은 학교에 다시 돌아가지 않았다는 뜻입니까?

솔레리 그렇지는 않습니다. 계속 학교에 나가긴 했지만, 나치의 구호 아래 무솔리니와 그 지지자들이 세운 신 파시스트 정권의 지배 하에서는 학교에 등록하는 것 자체를 거부했습니다. 2년 동안 어떤 시험도 치르지 않았고 체포될 위험에 처하기도 했습니다. 무솔리니 정권은 마을에 주둔하면서 트럭 등으로 감시하고 다닐 수 있는 군대를 보유하고 있었기 때문에, 제가 잡히지 않은 것은 행운이었습니다. 그들은 먼저 독일에서 일할 수 있는 젊은이들은 누구든지 끌어 모았고, 다음으로 추방하기 위해 유대인들을 마구 잡아들였습니다. 결국 저는 1946년에 박사학위를 받았습니다. 전쟁은 끝났고 저도 다시 일개 도시민으로 돌아갔습니다.

스트로마이어 전쟁 때문에 토리노 사람들의 삶이 힘들었습니까?

솔리리 물론입니다. 하지만 다른 나라에서 일어난 일에 버금가는 일은 없었습니다. 식량카드조차 없었지만 치명적인 참상을 겪진 않았습니다. 회반죽과 밀가루, 그 외 여러 가지가 섞인 빵을 먹었습니다. 식량을 배급 받았지만, 기근은 피할 수 없었습니다.

스트로마이어 학교 시절에 대해 좀 더 이야기해 봅시다. 학창 시절에 그린 음악가의 집 도면과 그 당시에 선보여 준 다른 도면들을 보면서 그 설계 자체는 물론이거니와 프리젠테이션에 쏟은 정성에 감동 받았습니다. 도면은 물론, 육필과 마운팅, 묶음과 일련의 여러 과정들을 포함한 프로젝트의 모든 양상들이 마치 미리 마음속에 그려진 후 완벽하게 실행된 듯 했습니다.

솔레리 네. 그 당시에 개념과 도면들을 특정한 방법으로 묶어내는 것이 중요하다는 생각을 했습니다. 아마도 이 방식들은 상업적인 측면에선 그리 유용하지 않겠지만, 나 자신에게도 그랬던 것처럼 교수나 학생들과 그 외의 여러 건축 관련 사람들에게 도움이 될 것입니다.

스트로마이어 졸업 후에 이탈리아에서 건축가가 되기를 바라셨습니까?

솔레리 박사 과정을 마친 후 미국에 갈 생각이라고 학장에게 전하고는 탈리에신으로 초대한 프랭크 로이드 라이트에게 편지를 썼습니다. 박사학위를 받던 학위 수여식에서 학장은 일어나 "파울로 솔레리는 매우 훌륭한 학생으로 4년간의 장학금을 수여했습니다. 이것으로 그는 미국에 갈 수 있을 것입니다."고 말했습니다. (실제로는 일 년간이었다.) 재밌는 점은 리라화가 폭락하여 4년간의 이 장학금이라는 것이 버터 2킬로그램 정도를 살 수 있을 정도밖에 되지 않았다는 것이죠.

라이언 스콧데일과 탈리에신 웨스트에 처음 방문했을 때, 어떠셨나요?

솔레리 토리노의 한 서점에서 프랭크 로이드 라이트에 관한 얇은 책을 찾았습니다. 그 이전에는 그에 대해 아는 것이 전혀 없었습니다. 제 생각에 미국 이외의 지역에서 그가 주로 알려진 곳은 당연히 그가 여행했던 중앙 유럽이나 일본이었습니다. 라이트의 작품은 제게 거의 충격에 가까웠지만 무척 좋아했습니다. 그래서 라이트 씨에게 편지를 보냈고, 편지가 도달하는 데 여섯 달 남짓 걸린 듯합니다. 편지 건에 대해 잊고 있었는데, 답장을 받았고 탈리에신 웨스트로 초대를 받았습니다.

1947년에 토리노를 떠나 뉴욕행 배를 탔습니다. 떠날 때 항구는 제노바였죠. 배로 나흘 정도 여행한 후에 뉴욕에 도착했습니다. 입국 심사관들은 사람들을 여러 그룹으로 나눠 일일이 조사하기 위해 엘리스 섬으로 데려갔습니다. 내가 있는 곳이 어디인지, 왜 내가 이곳에 있는지 모르는 채 수일이 지난 후, 감독관에게 불려갔습니다. 그는 이탈리아에서 내가 무얼 했는지 질문했고, 지금까지도 저는 왜 35일 동안 그곳에 억류되어 있었는지 정확히 알지 못합니다. 그들이 아마 보증금 같은 것을 원했던 것 같습니다. 저는 머물러야 했고, 그들이 추방하지 못하도록 산타크루스에 사는 삼촌이 500달러를 예탁했던 걸로 알고 있습니다. 이 문제가 아마도 주된 이유였던 것 같고요,

또 다른 원인은 프랭크 로이드 라이트 재단이 러시아와 연루되었다는 이유로 적색집단으로 여겨졌기 때문일 겁니다.

라이언 그 이야기가 사실입니까?

솔레리 실제로 그랬습니다. 하지만 그 인맥은 분명 정치적인 차원의 것은 아니었습니다. 라이트 부인은 러시아 출신인 구르지예프(Gurdjieff)와 친구 사이였고. 그는 구루였습니다. 성직자가 아니라 구루였던 것입니다. 그것도 아주 힘 있는 구루였고 꽤 자주 그곳을 방문했습니다. 아마 이러한 사실은 어떤 사람이 공산주의 성향을 가졌거나 공산주의와 연루되어 있다고 추정하기에 충분했을 겁니다. 그냥 내 추측일 뿐입니다만. 결국 그들은 뉴욕을 여행할 수 있는 58일간의 짧은 통행증을 발급해 주고 삼촌이 살고 있는 산타크루스 행 기차표를 끊어 주었습니다.

스트로마이어 그 당시만 해도 산타크루스는 작은 마을에 불과하지 않았나요?

솔레리 그랬지요. 모든 것이 제 눈을 앗아갈 정도로 새로운 것들이었습니다. 삼촌은 언덕배기에 살고 있었기 때문에 경치가 무척 아름다워 마치 이탈리아처럼 느껴졌습니다. 거기에서 기차를 타고 피닉스로 갔는데, 그때만 해도 영어를 전혀 못했기 때문에 잘 모르는 사람에게 그저 "탈리에신, 탈리에신."이라고만 계속 말했습니다. 피닉스에서 어떤 사람이 농지가 평원을 이루고 있는 애리조나의 텔리슨(Tellison)으로 가는 버스를 태워 주었습니다. 제가 알고 있는 탈리에신은 구릉지대에 선인장이 있는 곳이었지만 도착한 그곳에서 감귤나무를 보고 잘못 왔구나 했죠. 결국 누군가가 제가 가려는 곳이 탈리에신이라는 것을 알아차렸습니다. 저는 다시 피닉스로 돌아갔고, 결국 어찌된 일인지 그곳에 정착하게 되었습니다.

제가 도착했을 때 탈리에신 웨스트는 계곡에 위치한 캠프였습니다. 라이트 공동체의 겨울 거주지였지요. 라이트는 자택과 작업실, 그리고 소규모의 극장과 여타 건물을 소유하고 있었습니다. 다른 하급 도제 건축가들과 함께 언덕 중턱의 지붕 없는 플랫폼에서 매일 잠들며 18개월 동안 그곳에 머물렀습니다. 이후 친구 한 명과 함께 탈리에신을 떠나 카멜백(Camelback) 산으로 들어갔습니다. 지붕도 없이 하늘이 보이는 곳에서 3년 동안이나 살았습니다. 사막의 겨울은 몹시도 추웠지만 그 젊은 나이에 더구나 실외 생활을 즐긴다고 그리 문제될 것은 없었습니다.

스트로마이어 그렇다면 그 기간 내내 당신은 라이트의 견습생으로 있었습니까?

솔레리 네. 6개월 동안 두세 명의 동료 외엔 누구와도 대화를 하지 못했기 때문이기도 했습니다. 제롬(Jerome) 출신의 젊은 건축가인 마크 밀스(Mark Mills)와 친분을 유지하고 있었고, 불어를 좀 아는 사람과도 친했기 때문에 약간의 의사소통은 가능했습니다.

스트로마이어 그동안 건축 프로젝트의 견습생으로 작업했습니까?

솔레리 아니오. 전혀 그 단계까지 가지 못했습니다. 그 기간의 절반은 부엌일에 투입되었고 나머지는 공사에 참여했습니다. 그래서 한 주는 부엌일을 도왔고 다음 한 주는 건물을 지었습니다.

스트로마이어 건축가로서의 훈련과정이었습니까?

솔레리 경험을 흡입해 내는 의식적인 건축 교육 과정과는 거리가 좀 멀었습니다. 저는 그저 스펀지에 불과했던 것 같습니다. 그것도 그리 좋지 않은 스펀지 말입니다. 사막 자체와 사막에서 과연 무엇을 할 수 있을까와 이런 지역에서 나 자신을 어떻게 보호해야 할 것인가에 대한 질문을 내 안에 끌어들였습니다. 그렇지만, 라이트와 부인은 나를 몹시 배려해 주었습니다. 그 이유 중 하나는 제가 아주 훌륭하게 시중을 들었기 때문이었습니다. 식사 시중도 들고 매일 부부의 탁자에 꽃을 잘 꽂아 놓곤 했습니다. 꽤 좋은 관계를 유지했었지요. 그러나 언어 때문에 여전히 낯선 느낌이 떠나지 않았기에 아침, 점심, 저녁 식사 시간에만 라이트 부인과 접촉할 수 있었습니다.

스트로마이어 그렇다면 탈리에신을 떠나게 된 동기는 무엇이었습니까?

솔레리 아마 더 많은 경험을 쌓기 위해 스스로 그것을 만들어 나가고 싶다고 라이트에게 말했던 것이 우선 발단이 되었던 것 같습니다.

무리 없는 이유였는데, 그는 내 제안에 대해 아주 긍정적인 반응을 보였고 나를 어느 정도 도와주고 싶다는 의사를 밝히기까지 했습니다. 이로부터 몇 주 안 되어 상급 견습생 세 명이 "솔레리와 함께 이탈리아로 가고 싶다."고 라이트에게 얘기했는데, 바로 이 일이 라이트를 화나게 만들었고, 당시만 해도 그러한 사건이 그에겐 단순히 넘길 수 없는 일이었다는 점을 깨닫지 못했음에도 전 겁이 났습니다.

스트로마이어 그의 반응에 당황하셨겠어요.

솔레리 글쎄요. 건축 경력에 큰 도움이 될 수 있도록 강한 유대감을 결성하면서 그는 자신의 주변에 최고의 건축가 집단을 항상 두려고 했었습니다. 이들이 많은 일을 해낸 거였구요. 기분이 나빠지는 것은 그로선 당연한 일이었습니다. 지금 생각해 보면 그런 일이 처음이었고, 문제는 바로 한번도 그런 적이 없었다는 점일 것입니다. 몇 년이 지난 후 저는 교각 사업에 참여하게 되었습니다. 상급 도제생 중에 한 명이 교각에 대한 책을 발행하려고 했고, 그 자신이 집필자였습니다. 그래서 라이트도 이 교각 프로젝트에 참여했고, 필지는 제게 교각 도면을 그려 줄 수 있는지를 물어왔습니다. 저는 도면 하나를 그려주었고 라이트가 참여한 책에 같이 실렸습니다. 이 점이 그를 더 분개하게 만들었던 것 같습니다.

스트로마이어 왜요?

솔레리 글쎄요. 거장의 입장에선 젊은 이방인이 와서는 같은 등급에 놓인 것 같아 건방짐을 느꼈을지도 모르겠습니다.

　이후에 또 라이트가 탈리에신을 떠나 위스콘신으로 갔을 때 우연히 일어난 일이 있습니다. 상급 도제생의 주택 하나를 완공하면서 뜨거운 사막에서 우리 네 명이 같이 작업을 하고 있을 때였습니다. 우리 소유의 낡아빠진 차가 한 대 있었는데, 우리의 유일한 운송수단인 포드 사의 T형 자동차였습니다. 우리 네다섯 명은 주말 내내 야유회를 가곤 했습니다. 라이트 부인의 동생과 남편은 이것을 귀찮아했습니다. 특히 우리의 긴 여행을 못마땅해했습니다. 그들을 불편하게 하는 일은 가족 전체를 불편하게 만들었습니다. 특히 라이트 부인을 언짢게 했지요.

　상황을 결정적으로 안 좋게 만든 또 다른 일은 한낮의 열기를 피해 보려고 7시가 아니라 새벽 4시에 운전사에게 출발하자고 건의한 거였습니다. 제 건의는 제대로 수락되지는 않았습니다. 그리고 마지막으로 제가 속옷 차림으로 다녔다는 점입니다. 야외에 있을 때 저는 짧은 바지에 샌들 차림이었습니다. 라이트 부인은 이런 면에서 아주 보수적인 분이었습니다.

스트로마이어　어떤 식으로 떠날 것을 종용받으셨습니까?

솔레리　라이트로부터 편지를 한 통 받았습니다. 그와 그의 가족, 공동체가 그때까지도 위스콘신에 있었으니 말입니다. 그 권유는 퉁명스러운 어조였지만 그리 불친절한 것은 아니었고 더군다나 그것 때문에 전혀 괴롭거나 하지는 않았습니다. 같이 작업했던 다른 건축가 세

명은 상처를 많이 받았고 그길로 모두 떠났습니다.

스트로마이어 선생님은 그리 마음의 동요를 잘받지 않는 것처럼 보입니다.

솔레리 아마도 그랬을 것입니다. 제가 좀 더 현명한 사람이었다면 다른 행동을 취했을 텐데……. 바로 이 점이 아르코산티를 지을 때가 되서야 제가 터득하게 된 교훈입니다. 누군가가 외부에서 들어와 자기 마음대로 일을 진행하겠다고 우기면 얼마나 당황스러울지 지금에서야 깨닫습니다.

라이언 살아오면서 이러한 문제와 관련하여 선생님에게 독립심을 유발시켜 주는 것들이 무엇인지 생각해 본 적이 있으세요?

솔레리 제가 기억하는 한 그와 관련된 것을 위해 노력해 본 적은 없습니다. 그냥 저절로 나왔을 뿐입니다. 이것이 제가 일을 처리하는 방식이었습니다. 이탈리아의 피드몬트는 마음의 동요를 잘 일으키지 않는 사람들로 유명하고, 이러한 기질이 제 경험 속에 스며 있었던 것 같습니다.

어쨌든, 우리는 탈리에신을 떠났습니다. 즉 마크 밀스와 저는 카멜백 산으로 들어갔습니다. 이곳은 현재 스콧데일의 중심이지만, 당시만 해도 완전히 불모의 사막이었습니다. 마크는 참 좋은 동료였고 우리는 서로 말이 잘 통하는 사이였습니다. 그는 이곳 개발업자와 접촉하여 몇 가지 컨설팅을 해 주는 조건으로 소유지에 텐트를 칠 수 있도록 허가받았습니다.

스트로마이어 이때가 돔 주택(Dome House) 계획안이 이루어지던 시기였습니까? 어떤 식으로 일이 진행되었습니까?

솔레리 우드 부인은 필라델피아 출신이었습니다. 그녀에게는 탈리에신에서 멀지 않은 곳에 사는 동생이 있었습니다. 이혼 후에 그녀는 동부에서 다시는 살지 않기로 결심했고 이곳 계곡에 정착했습니다. 그녀도 탈리에신을 방문했기 때문에 라이트와 어느 정도 알고 지냈습니다. 그래서인지 모종의 일이 진행되었지 않나 싶습니다. 그녀는 라이트의 설계안을 얻어오려고 시도했었습니다. 그녀가 자금을 보유하고 있지 못한 바로 그 이유 때문에 일이 제대로 진행되지 못했습니다. 당신도 땡전 한 푼 없다면 여느 때처럼 나한테 오면 됩니다. (모두 웃는다.) 그래서 그녀는 우리에게로 왔습니다. 후에 내 부인이 된 콜리(Colly)라는 딸을 데리고서 말이죠.

그녀는 하늘을 바라볼 수 있는 침실을 갖춘 주택을 구상하고 있었고 자신의 이 개념에 대해 제게 자문을 구해 왔습니다. 저는 후에 발간된 책에 실린 많은 스케치들을 바로 그려 주었습니다. 이 스케치 중에 일부가 돔 주택이 되었습니다. 그녀는 그 스케치들에 감동했기 때문에, 우리 즉 나와 마크, 미래의 내 장모, 콜리는 케이브 크릭(Cave Creek)으로 옮겨 주택을 짓기로 했습니다. 이 주택은 아주 기본적인 것만을 갖춘 소규모의 집이었습니다. 이 주택의 공사비는 3,000달러에 달했고, 이 금액은 우리의 생활비나 자재비용까지 포함된 것입니다.

돔 주택에는 코어가 있습니다. 이곳에 샤워기와 욕실, 변기 등이 들어갔고 남측에는 부엌이 자리잡고, 부엌 위로 돔으로 된 공간이 배치되었습니다. 그리고 코어 한쪽에 침실에 해당하는 공간이 두 군데 마련되었습니다. 아주 극히 작은 공간들이었습니다. 내부에서 얻는 태양빛의 양을 조절하기 위해 코어 주변으로 회전하는 쿠폴라를 설치했습니다. 실제로 만들긴 했어도 돔을 자유자재로 회전시킬 수 있을 만한 기술력이 뒷받침되지 못했습니다. 매일 혹은 자주 돔을 손수 밀자는 생각을 우드 부인이 내놓긴 했지만, 불가능한 일임을 곧 느꼈고 양쪽 덮개를 서로 맞추어 닫고 돔에 시멘트를 바르는 길을 택했습니다. 이 결과는 태양과 거주자의 상호작용이 실제로 썩 성공적이지 못했다는 것을 단적으로 말해 주었습니다.

돔 주택을 완공한 후에 콜리와 저는 1949년 그곳에서 결혼했습니다. 이듬해에 그녀와 저는 이탈리아를 여행했습니다. 우리는 머무는 동안과 미국으로 돌아가는 길에 있을 수 있는 모든 상황을 염두에 두었습니다. 콜리가 경험하기를 아주 좋아한다는 사실을 그때 알았습니다. 저는 분명히 골치 아파했는데, 그녀는 즐기더군요. 일차 목적지는 토리노였습니다. 우리는 그곳에서 가족들과 함께 2년 정도 머물렀습니다. 아이가 생길 조짐이 보였기 때문에 우리는 가족들과 떨어져 살기로 했습니다.

스트로마이어 그 2년 동안 건축가로 일하셨나요?

솔레리 저는 그래픽 디자인으로 시장에 진출할 수 있는 방법을 모색하는 데 주력했습니다. 첫딸인 크리스틴이 태어나자 세 식구가 되었죠. 트럭을 구입하여 이탈리아 전역을 여행하자고 제안했습니다. 밀라노에는 섀시를 생산하는 회사가 있었고 사람들은 이것으로 원하는 것을 지을 수 있었습니다. 품질이 아주 좋은 섀시였습니다. 대개 사람들은 커다란 짐차를 만들곤 했습니다. 우리는 새 섀시를 주문하여 토리노로 배달 받았습니다. 창고 하나를 발견하여 그곳에서 모든 부재를 용접했습니다. 내부에 전구도 달고 지붕에 물탱크를 두고 뒤쪽에 세면대도 설치했습니다. 생활에 필요한 모든 것을 갖춘 셈이죠.

스트로마이어 그것이 당신이 지은 두 번째 집입니까?

솔레리 그런 셈이죠. 그때는 내가 하고 싶은 것이 무엇인지 정말 모르겠더라구요. 토리노에서 엽서를 실크 스크린하는 일을 주로 했고, 그것으로 얻는 수입은 그리 많지 않았습니다. 콜리가 도와주었고 그 일을 즐거워했습니다. 그러나 저는 도기가 배울 만한 것이라고 생각했습니다. 우리는 토리노를 떠나 남쪽으로 향했습니다. 비트리(Vietri) 도기에 대해 알고 있는 바가 있었는지 없었는지는 기억나지 않습니다만, 아마 몇 가지 정도는 알고 있었던 것 같아요. 우리는 티레니아 해변을 따라 차를 달렸고 로마와 나폴리, 소렌토를 지나 마지막엔 비트리 술 마레(Vietri sul Mare)에 도착했습니다. 도시에 접어들자 도로 양편에 가내작업으로 만든 도기 제품을 판매용으로 밖에 진열하고 안쪽에 공방을 둔 상점들이 늘어서 있었습니다. 우리는 그곳에 잠시 머무르기로 했습니다.

비트리에서 우리가 알고 지냈던 가족들 중에 하나는 솔리메네 (Solimene)가(家)였습니다. 그들의 공방에 들러 내 방식대로 도기를 만들어 보면서 그들을 작게나마 돕곤 했습니다. 손으로 초크 점토를 용기에 담는 일도 했지만, 주로 도기를 성형하는 일을 했습니다. 아주 멋진 작품을 만들기도 했습니다.

이 중 많은 도기들이 검은색을 띠었습니다. 저는 석탄 박스에 초벌 도기들을 넣고 이 박스를 가마에 집어넣었기 때문에 탄산가스가 점토에 스며들어 품질 좋고 광이 나는 검은 도기들이 만들어졌던 것입니다.

알고 보니 솔리메네 가족은 좀 더 큰일을 하려고 했습니다. 그들의 사업은 번창했고 새 공장을 세우기 위해 지방의 기술자가 만든 설계안을 마련해 놓고 있었습니다. 이 공사를 하면서 그들은 굉음을 내며 언덕의 일부를 절개하고 아주 가파른 바위 위에 평평한 대지를 만들었습니다. 그러나 그 설계는 정말 형편없는 것이었습니다. 제가 건축가라는 것을 알고 있었기 때문에 그들은 제게 도움을 구해 왔습니다.

라이언 공장에서 실제로 나온 재료인 도기 파편을 건물의 외관에 사용하는 아이디어는 어디에서 얻으셨습니까?

솔레리 글쎄요. 아주 저절로 생각난 것입니다. 그들은 도기를 생산했습니다. 이 도기들을 다른 목적에 사용하지 말라는 법은 없지요. 솔리메네가는 이 아이디어를 항상 반겼습니다. 나 자신은 때론 실망해하고 침통해했지만 그들은 좋아했습니다.

스트로마이어 이 프로젝트의 성공이 건축가의 신분으로 다시 돌아가게 만드는 계기가 되었습니까?

솔레리 네. 이 일로 저는 다시금 생각하기 시작했습니다. 시장에 참여하여 규모가 꽤 큰 건물을 짓고 그것도 그 일을 원만하게 할 수 있다는 사실이 놀라웠습니다. 건축주와 아무런 문제도 없었으며 그 외의 사소한 충돌조차 없었습니다. 사람 좋고 능력 있는 이탈리아인 동료들과 같이 일했습니다. 건축가이면서 기술자였던 내 매부는 학교 때 친구이기도 했습니다. 우리는 작은 일에도 최선을 다했습니다.

스트로마이어 비트리 프로젝트는 얼마나 걸렸죠?

솔레리 1951년과 1952년에 걸쳐 진행되었으니 약 2년 정도요. 그러나 이후 비트리는 도시 일부를 휩쓸고 간 끔찍한 홍수를 겪었습니다. 강 주변의 모든 것이 파괴되었으며, 당시 이탈리아의 상황에서 도시를 재건하는 데 오랜 시일이 걸렸습니다. 전력도 돌아가지 않았고 먼 곳까지 가서 물을 길어야 했습니다. 그것은 하나의 재앙이었습니다. 해변이 엉망으로 변했기 때문에 여름철 바캉스 시즌도 허사가 되었죠. 비트리에 몇 달 더 머문 후에 아내는 동생의 결혼식에 가기 위해 피츠버그로 돌아갔습니다. 아내와 아이들 모두 그곳에 머물렀지만 가족들을 데리고 와야겠다는 결심이 서 그들을 만나러 미국으로 갔습니다. 미국으로 돌아와 우리 가족 모두는 다시 뉴멕시코 주 산타페로 이주했습니다. 도기를 다루는 일에 어느 정도 경험을 쌓았기 때문에 작은 마당이 있는 집에 세 들어 도기 굽는 일을 시작했습니다.

스트로마이어 산타페를 선택한 이유가 무엇입니까?

솔레리 우리는 산타페를 좋아했습니다. 피닉스는 너무 무더운 곳입니다. 산타페의 온화한 기후가 좀 더 맘에 들었습니다. 무엇보다 산타페는 아주 훌륭한 수공예와 예술을 통해 원주민의 전통과 멕시코의 전통이 한데 결합되어 있는 곳이었습니다. 그곳에 간 후 안 좋은 일이 생겨 종 만드는 일을 하게 되었습니다.

산타페에서 도기들을 만들어 팔고 있는 동안 한두 곳의 상점에서 우리를 찾아와 종을 만들어 공급해 줄 수 있는지 문의해 왔습니다. 한번은 "우리는 많은 종, 특히 한국의 풍경을 팔아오고 있습니다."며 찾아왔습니다. 그들에게 한국의 풍경을 공급해 주던 미육군 보급부 병사가 한국 전쟁에 참여했는데 몇 달 전에 죽었던 것입니다. "당신이 풍경을 만들어 줄 수 있겠습니까?"라는 주문이었습니다. 고민을 하다가 결국 풍경을 만들기로 했습니다. 그런 종류의 종이 있다는 것조차 몰랐기 때문에 처음엔 "글쎄요. 지금 당신이 말하고 언급한 것을 전혀 알지 못합니다."라고 대답했습니다. 하지만 며칠, 혹은 몇 달 후 이 종에 대해 찬찬히 생각하고서는 제안을 수락하고 종을 만들기 시작했습니다. 그 종들은 사실 한국풍의 종은 아니었지만 공방에서 그것을 가져가 팔기 시작했습니다.

그러나 얼마 지나지 않아, 한 5개월쯤 지나자 산타페의 기후가

종 만드는 작업에 적합하지 않다는 것을 깨달았습니다. 밤에 기온이 많이 떨어지기 때문에 주조 과정에 여러 차질이 빚어졌습니다. 우리는 다른 장소를 찾아나서기로 했습니다. 곧바로 우리는 계곡으로 다시 돌아가야 한다는 결정을 내렸죠. 우리는 피닉스 지역을 잘 알고 있었기 때문에 그곳에서 집을 물색했습니다. 적당한 곳을 스콧데일에서 찾아냈습니다. 그곳은 애리조나의 초기 화가들로 잘 알려진 세 명의 화가 중 한명인 루 데이비스(Lou Davis)라는 화가의 집이었습니다. 데이비스는 훌륭한 화가였고 그의 부인은 도공이었습니다. 두 사람이 손수 자신의 집을 지었습니다. 데이비스의 작업실이 지금의 제 침실이 되었습니다. 그녀는 그곳에서 도기를 제작했습니다. 한 가지 재미있는 일이 있었습니다. 그녀가 사용했던 가마를 산타페에 있는 누군가가 구입했고, 바로 그때 콜리와 제가 산타페로 이주한 후 그 가마를 구입했던 겁니다. 아주 기묘한 우연의 일치였죠. 우리는 스콧데일에 있는 이전의 바로 이 작은 집 뒤뜰에 그 가마를 다시 갖다 놓을 수 있었습니다.

집의 부지는 5에이커에 달했고 저는 일에 착수했습니다. 질감 면에서나 순도 면에서 토양의 질은 아주 좋았습니다. 땅에 구멍을 내고 작은 종을 포함한 여러 자잘한 물건들을 주조했습니다. 이것은 슬립주입(slip casting)이라는 오래 내려오는 기법입니다. 아주 차진 진흙을 구할 수 있으면 실트(silt)나 흙, 모래 등의 첨가재로 틀을 만들어 이곳에 진흙을 쏟아 부으면 됩니다. 첨가재들은 수분을 흡수하고 두터운 점토층을 남겨 놓습니다. 이곳의 대기가 뜨겁고 건조하기 때문에 한 시간 동안 기다린 다음 여전히 액체 상태로 남아 있는 진흙을 뽑아내거나 밖으로 쏟아내고 또 한 시간 내지 두 시간 동안 두면 종을 빼낼 수 있습니다. 틀에서 진흙을 뽑아낼 때 완전히 건조됐는지 확인해야 합니다. 이것이 아주 중요합니다. 이렇게 진행되는 방식이 슬립주입입니다. 이것이 제가 도기나 종을 완벽하게 주조해 내기 시작하면서 사용한 방식입니다. 코산티와 아르코산티에서는 아직도 도기로 된 종을 만들 때 이 방법이 사용되고 있습니다.

스트로마이어 자연히 재료들, 즉 흙에 대해 아주 잘 알게 되셨겠습니다.

솔레리 기초적인 지식 면에서는 그렇다고 할 수 있습니다. 곧바로 콘크리트를 성형할 때도 동일한 기법을 사용할 수 있을 것이라는 생각이 들었어요. 가령 모래 위에서 바로 콘크리트를 만드는 방식이 전에 사용된 적이 있기 때문에 그리 새로운 아이디어는 아니었습니다. 로마인들은 모래와 자갈, 진흙, 흙처럼 지방에서 얻을 수 있는 재료는 무엇이든 배합해 형태를 만들었고, 콘크리트든 돌이든 그 어떤 재료를 가지고도 구조물을 세워 냈습니다. 저는 결국 개발해 내지는 못했습니다만, 몇 가지 중요하고 새로운 기지를 발휘할 수 있었습니다. 우선 형태와 성형 방법 사이의 관련성이 그것입니다. 둘째, 서로 다른 질감을 얻기 위해 안료나 플라스틱과 같은 재료를 적용하는 것입니다.

우리가 처음으로 만든 흙집은 코산티에 있는 어스 하우스(Earth House)라 불리는 건물이었습니다. 건축 면적은 약 3평방미터였습니다. 사막에서 가져온 소량의 흙더미를 부드럽게 이겨 모양을 만들어 나갔습니다. 이 덩어리에 홈을 내어 홈 주변에 문양을 살짝 새겼습니다. 그런 후 보강철근을 삽입하고 콘크리트를 타설해 넣었습니다. 성형틀에 철근이 절대 닿지 않게 조심해야 합니다. 약 일주일 후 친구 몇을 불러 모아 우리는 밑에서부터 땅을 파나가기 시작했습니다. 모든 홈과 디자인, 문양들이 드러났습니다. 처음으로 느껴본 경이로운 경험의 순간이었습니다.

스트로마이어 마을로서의 코산티의 역사가 이 건물에서 시작되었나 봅니다. 그 뒤로 더 많은 건물을 짓기 시작했겠네요?

솔레리 네. 몇몇 회사가 어스 캐스팅(earth-casting) 공법을 개발했습니다. 대학교의 여러 학생들과 지방 사람들을 불러와 타설 과정들의 여러 작업을 돕게 할 정도로 우리의 관심은 대단했습니다. 우리는 이러한 건설 방식, 즉 종을 만들던 방식으로 일을 진행해 나갔고 공방을 운영하기 시작했습니다.

스트로마이어 코산티가 공동체, 즉 목적 있는 공동체 마을로 인식되었습니까?

솔레리 그렇습니다. 결국 우리는 탈리에신의 분위기와 유사한 집단을 형성한 것입니다. 가족 단위를 만들어 어느 정도의 견습생들을 곁에 두는 개념을 공유한 셈입니다. 그러나 공동 부락은 전혀 아니었고 키부츠 같은 곳도 아니었습니다. 에어컨 시설을 갖춘 휴양지도 아니었습니다. 이곳은 기본적인 생활 공간과 작업 공간, 정원, 수영장을 합쳐 놓은 곳이었습니다. 여름에 30명 내지 50명의 사람들이 합류했고 우리는 그들에게 방을 제공하기 위해 분주히 움직였습니다. 스콧데일 근처의 오래된 모텔에 방을 열실 빌렸고, 몇몇 견습생들은 코산티에 캠프를 쳤습니다. 견습생들은 제가 진행하려는 모든 일에 참여했습니다. 주로 도면을 그릴 수 있는 공간과 전시 공간, 주거 공간을 짓는 일이었습니다.

스트로마이어 선생님이 생각하기에 콘크리트로 작업하는 일에 매료된 이유는 무엇입니까?

솔레리 그저 콘크리트에 대한 동경을 가졌을 뿐입니다. 이러한 동경을 발전시킨 것입니다. 제가 르 코르뷔지에를 존경한 이유가 바로 콘크리트 작업 때문입니다. 이 당시 흙과 실트를 이용하여 그렇게 다양하고 많은 형태와 장식을 만드는 이 방식을 발견했을 때 저는 격한 흥분에 휩싸였습니다. 그래서 많은 시간을 들여 몇 가지 기술을 개발해 냈습니다. 예를 들어 시멘트를 갈라지지 않게 하는 흙의 습기 첨가물, 모든 과정의 시기를 제때 맞추는 방법 등입니다. 직질한 때에 성형을 마치고 그것을 주조하여 비가 와도 아무 문제가 없게 되는 것입니다. 또한 무엇인가를 해내는 방법이나 기술을 완전히 익힌 후에는 많은 자유를 누릴 수 있고, 하나의 원리로 정립할 수 있는 경지에 이른다는 점을 배웠습니다. 이 교훈은 토리노의 대학에서 배운 문화적 흔적의 일부이기도 했으며, 내게 큰 도움을 주었다고 생각됩니다.

라이언 청동으로 작업하기 시작한 배경은 무엇입니까?

솔레리 우연하게 마음먹은 것이었습니다. 저는 잠시 생각에 잠겨 앉아 있었고, 세라믹은 물론 청동도 시도해 보고 싶어졌습니다. 제가 아는 바에 따르면, 종은 전통적으로 청동으로 만들어진 물건이었기 때문에 제 생각은 적절했습니다. 알루미늄으로 문양이 만들어지는 실트를 사용하면서 우리는 청동으로 많은 실험을 했습니다. 어느 정도 성공을 거두긴 했지만, 여전히 아마추어 수준에 머물렀습니다. 구리나 놋쇠, 청동 등 얻을 수 있는 모든 황색조의 금속들을 찾기 위해 우리는 피닉스 전역의 고물수집상을 찾아 나섰습니다. 시간이 얼마나 걸릴지 알 수 없이 찾아다니던 차에 우리는 헝가리 출신 주물공인 한 남자에 대한 이야기를 들었습니다.

우리는 그와 접촉했고, 그는 우리에게 와서 청동에 대해 가르쳐주기로 약속했습니다. 우리는 그리 많이 배울 준비를 갖추지는 못했지만 거의 반 전문가가 될 정도는 되었고, 그는 우리에게 몇 가지 기술을 일러 주었습니다. 그 후 우리는 청동으로 종을 만들기 시작했습니다. 녹인 쇳물을 붓는 일을 포함한 청동 작업 전 공정을 우리는 코산티에서 진행시켰고, 시장이 활성화되고 있었기에 주물업에 종사하는 더 많은 사람들을 알아가기 시작했습니다. 일 년인가 몇 년 지나서던가 그 헝가리인은 아들을 데리고 떠나서는 피닉스 북부의 케어프리(Carefree) 근처에 종 공장을 세웠습니다. 그들이 우리 형판을 사용했기 때문에 두 공방 사이에 직접적인 경쟁이 생겼지요.

스트로마이어 당신네 형판 말인가요?

솔레리 그게, 그렇습니다. 우리는 뒤를 밟아 보았습니다. 우리와 전에 같이 일했던 한 청년이 그곳에서도 일하고 있었고, 자기 종을 만들면서 우리의 디자인을 사용하고 있었습니다. 내 가시돋힌 말을 전한 후에 그 청년이 죽은 채로 발견되면서 그 문제는 해결된 듯싶었습니다. 너무 오래 전 일이기에 그곳이 어딘지 기억하지 못하겠습니다. 물론 제가 저지른 일은 아닙니다. (모두 웃는다.)

스트로마이어 코산티에 더 많은 건물이 세워지고 좀 더 많은 사람들이 참가하게 되면서 아르콜로지(arcology) 계획에 영향을 준 공동체 생활에 대해 배운 점이 있었습니까?

솔레리 아마도 의도적으로 뭔가 배운 것은 아니고, 나도 모르는 사이에 자연스럽게 배워야 할 점들이 몸에 배지 않았나 싶습니다. 도시 맥락과 관련된 경험은 토리노에서 얻은 것입니다. 코산티는 너무 규모도 작고 어느 면에서 볼 때 미개발지에 가까웠습니다. 그리고 20명을 통해 도시 효과(urban effect)를 낼 수는 없는 일입니다. 그러니 사실 이 방면으로 배운 점은 없습니다.

스트로마이어 이때가 메사 시티(Mesa City) 프로젝트가 시작되던 시기인가요?

솔레리 네. 1950년대 후반 저는 도시 문제에 대해 간간히 긁적여

보았습니다. 그리 심도 있는 생각은 아니고 그저 여러 잔상에 불과했습니다. 어느 날 우리 종을 팔아 주는 독일인 영업사원이 업무 여행 중에 들렀기에 그 낙서들을 그에게 보여 주었습니다. 대화가 끝날 즈음에 그가 이런 질문을 하더군요. "왜 도시를 설계하지 않고 있는 거죠?" 이 질문에 대해 자문하듯 생각해 보았습니다. '왜 나는 하지 못하고 있는가?' 저는 도시 개념을 단편적으로만 실험하고 있었던 것입니다. 그리곤 생각했습니다. '전체적인 차원으로 생각해 본다면 자 무엇이 나올까?' 프랭크 로이드 라이트의 책을 우연히 발견할 때처럼, 우연히 비트리(Vietri) 공장을 세우게 된 것처럼, 우연하게 한국의 풍경을 알게 된 것처럼, 이 순간도 또 하나의 중요한 우연이었습니다. 정말 우연한 일이었습니다. 그것은 하나의 자극이 되었습니다.

그래서 암석대지(mesa) 위에 세워진 도시 개념에 이르게 되었습니다. 메사에서 내려올 때 가지게 될 그 느낌, 아름다운 풍경, 탁 트인 시선으로 저지대를 바라 볼 수 있는 상황을 면밀히 그려보았습니다. 또한 비옥한 농지를 황폐화시켜서는 안 된다는 생각도 했습니다. 피닉스와 같은 저지대의 비옥한 땅으로 내려가 그곳에 도시를 세우게 되면, 뭔가를 얻기 위해 아주 중요한 잠재력이 내재된 무언가를 제거하게 되는 셈입니다. 다른 어떤 곳에서 이 무언가를 심어 놓아야 했습니다. 이것이 가장 기본적인 구상입니다.

결과를 봐서 알겠지만, 메사 시티는 규모가 너무 크고 지극히 평지 위주입니다. 맨하튼 정도의 공간에 백만 명의 인구를 유지하도록 설계되었습니다. 벼랑으로 에워싸여 도시를 더 이상 팽창시킬 수 없고, 교외 지역도 확장되지 못했지만, 여전히 그 공간의 규모 자체는 거대했습니다. 아이디어를 발전시키고, 몇 가지 모델을 만들어 보고, 가령 사람들이 풍경 속에서 어떻게 움직이는지 실험해 보면서 제가 발견한 점은 도로와 도시 공동설비와 같은 교통 시스템들이 필요하다는 사실이었습니다. 아주 시급한 문제였습니다. 그곳에서 눈살을 찌푸리게 만드는 일들을 목격했습니다. 복잡성과 소형화로 인해 제기되는 여러 방향들을 모색하는 통찰력, 즉 이 유레카를 동시에 가지게 되었습니다.

가령, 인간의 뇌를 예로 들어 보면요. 그것을 이차원으로 펼쳐 보면, 50평방킬로미터 이상을 차지할 것입니다. 뇌 속에 흐르는 정보가 엄청나기 때문에 정상적인 뇌기능을 위해서는 수천 킬로미터의 연결로가 필요할 것입니다. 그러나 진화를 거듭하면서 3차원으로 둘둘 말리며 접혀지자 엄청난 복잡성이 생기게 된 사례 중 하나가 이것입니다. 이 과정에서 핵심적인 것은 소형화 개념입니다.

경관 위로 메사 시티를 펼쳐 내면서 제가 했던 것, 즉 피닉스, 로스앤젤레스, 다른 대부분의 도시와 같은 곳에서 했던 일들은 마치 머리를 친 후에 "뇌가 자연과 좀 더 긴밀한 접촉을 가졌으면 한다."라고 말하면서 그 뇌를 땅 위로 펼쳐 놓는 것과 같습니다. 이 일을 하면서 자동적으로 우리는 뇌를 파괴하고 자연을 파괴합니다. 즉 도시를 파괴하고 자연 역시 파괴하는 것입니다. 여기에서 저는 사건를 한데 뭉쳐 놓고 생각하고 그것이 삶의 풍요에 기여하는 바를 감지했습니다. 저는 이것을 도시 효과라 부릅니다.

스트로마이어 그렇다면, 도시 효과는 인간 정주지를 소형화하면서 얻는 효과입니까?

솔레리 모든 요소들이 긴밀하게 연관되고 서로 맞물리고, 얽혀 있고, 상호 작용하는 방식으로 현실 자체가 조직될 수 있도록 그 현실에 힘을 불어넣는 것이 도시 효과이며, 어느 한순간에 이것은 삶을 창출해 내고 광물질에 불과했던 의식을 형성해 냅니다.

스트로마이어 그러니까 도시 효과는 도시와만 관련된 것이 아니군요.

솔레리 맞습니다. 이것은 삶의 시작부터 중요하게 대두되는 무엇입니다. 이것들은 차츰 한데 어우러지고, 이러한 어우러짐을 통해, 촘촘하게 짜여진 행동의 켜들을 가질 수 있도록 겹겹이 접혀집니다. 이 겹침은 더 강렬하고 풍부한 통합된 조건을 향한 열망이 됩니다.

스트로마이어 좀 더 복잡한 3차원 도시를 형성하기 위한 도약을 만들어내는 데 당신에게 주로 영향을 준 사람은 누구입니까?

솔레리 테이야르 드 샤르댕의 책을 읽으면서 가장 영향을 많이 받았습니다. 타임지에서 처음 그의 책을 접했으며 그 후 파리에서 그가 쓴 책이라면 무조건 구입하여 읽었습니다. 그 독서가 얼마나 강렬한 느낌으로 다가왔는지는 기억할 수 없지만, 삶은 복잡화 과정을 거치면서 펼쳐진다는 그의 주장은 지금도 잘 알고 있습니다. 그의 생각들을 정주지의 문제에 적용한 사람은 나밖에 없을 것입니다.

스트로마이어 이런 과정을 거쳐 메사 시티의 작업이 환경 친화적인 프로젝트로 발전한 거군요.

솔레리 네. 그런 듯합니다. 그것은 갑자기 어느 순간에 이루어졌습니다. 저는 연속적인 작업을 다양하게 변형시켜 다루는 것을 좋아했기 때문에, 아르콜로지라고 부른 이러한 복잡성의 개념을 여러 가지 방식으로 다루기 시작했고, 계속해서 실험해 나갔습니다. 작업해 오던 자료로부터 몇 편의 글을 작성한 다음 우리는 『아르콜로지』를 펴냈습니다. 이 책은 MIT에서 출간했습니다. 이 책의 마지막에 등장하는 사례가 아르코산티 계획입니다.

스트로마이어 아르코산티가 책 속의 계획안에서 실제의 장소로 어떻게 거듭나게 되었는지에 대해 간단히 말씀해 주시겠습니까?

솔레리 학생들과 그 외의 사람들이 동참한 가운데 지어 나가며 우리는 코산티 작업을 계속해 가고 있었습니다. 저는 메사 시티로 생각을 다시 거슬러 간 후 이러한 환경친화 개념을 다시 접하게 되었습니다. 어떤 개념들을 제대로 이행할 수 있는 유일한 방법은 현실화시키는 것이라고 생각하기 시작했습니다. 그래서 땅을 알아보기 시작했고 주말이 되면 자주 코산티에서 160킬로미터 정도 떨어진 피닉스 지역 주변을 소형 피아트600을 타고 다니다가 결국 연결 방편을 찾아냈습니다. 마지막에 둘러본 땅 중 한 곳이 지금 아르코산티가 들어서 있는 땅이었는데, 피닉스에서 북쪽으로 약 112킬로미터 떨어져 있는 곳입니다. 너무나도 아름다운 진녹색 협곡이 있는 이 편평하고 사막성의 땅을 발견하고는 놀라지 않을 수 없었습니다.

스트로마이어 그 땅에 아르코산티가 어떤 모습을 가지고 서게 될지 미리 그려볼 수 있었습니까?

솔레리 이미 책에 도면들을 모두 실었기 때문에 이 땅에서 느낌을 받았던 게 분명합니다. 아르코산티는 이 책에 실린 마지막 프로젝트입니다. 땅을 본 후 저는 3차원 정주지에 대한 주제를 점점 더 정교하게 다듬어 나가려 했습니다. 아르코산티의 초기 모델을 보면, 정말 하나의 건물로 이루어져 있음을 볼 수 있을 것입니다. 그러나 공사가 시작되면서 그렇게 하는 방법 말고는 다른 길을 생각할 수 없었습니다. 그래서 기초 구조를 작업하기 시작했고, 이렇게 해서 이 프로젝트가 지어지기 시작했습니다.

스트로마이어 하나의 거대한 구조물을 세우면서 어떤 문제들이 있었나요?

솔레리 재정적 문제가 있었습니다. 자금이 전혀 없었습니다. 지대로 많은 돈을 지불하고 있었던 차였습니다. 이 개념을 실현에 옮기는 데 열광적으로 몰두했습니다. 우선 볼트(vaults)를 세우고, 주거용의 부속건물 둘을 지었습니다. 그런 다음, 세라믹으로 된 앱스(apse)와 공방과 카페 건물을 세웠습니다. 에너지로 충만해 있었고 학생들 외에도 여러 사람들이 도우러 왔기 때문에 우리는 매우 흥분에 젖어 있었습니다.

스트로마이어 1960년대의 문화에서 당신들의 본거지가 어떻게 받아들여졌다고 생각하십니까? 제가 받은 인상으로는 당신이 그 당시에 막 일고 있었던 일단의 사회 운동의 주동자로도 보입니다.

솔레리 글쎄요. 하나 기억해야 될 사항은 제가 미국에 도착한 다음 은거했다는 점입니다. 저는 사막으로 들어갔습니다. 이 사실이 정황을 말해준다고 생각합니다. 따라서 제가 미국 사회에 대해서 이해하고 있었던 부분은 아주 취약했습니다. 즉 주로 라디오나 텔레비전을 통해서만 알았습니다. 1960년대가 제게 어떤 영향을 주었다고 치더라도 아마 그것은 부정적인 영향이겠죠. 정치적 상황에 대해 좀 더 잘 알았어야만 했습니다. 모반자가 되기 이전에 먼저 상황에 대해 잘 알아야 된다고 생각하기 때문에 그 당시의 모반자들에 대해 크게 열광하지는 못했습니다. 젊은 사람들은 정당한 모반자가 될 수 있을 정도로 충분히 현상을 직시하지는 못하는 법입니다. 젊은이들이 그들의 문화를 사회에 이입하려고 할 때마다 저는 몹시 불편한 느낌을 받았습니다. 성숙한다는 것은 하나의 의의를 가지며, 어른이 된다는 것은 15살이나 20살에 끝나는 일이 아니라고 믿는 편입니다. 해를 거듭해 가면서 이루어지는 것이지요.

스트로마이어 당신 자신을 히피 젊은이들로 묘사한 적이 있었던 것 같은데요.

솔레리 네. 그러나 성향 면에서 좀 달랐습니다. 저는 어떤 운동에 정식으로 가담하지는 않았습니다. 수염을 기르면서 사회를 변화시킬 수 있으리라는 생각을 해 본 적은 없습니다.

스트로마이어 하지만 당신에게 매료되어 와서 도와준 이들은 젊은이들과 혁명가들이 아니었나요?

솔레리 제게 온 사람들은 우리의 프로젝트에 공감했기 때문에 왔던 것입니다. 그들 중 일부는 어느 면에서 볼 때 히피의 전형적 모습을 따르곤 했었지만, 진짜 히피들은 아니었습니다. 즉 "내가 좋아하는 것만 할테니, 나를 괴롭히지 말라."는 모든 것으로부터의 무정부적인 자유를 갈망하는 삶을 추구하지는 않았다는 말입니다. 어느 정도의 제약이 있었습니다. 아마 제 자신의 행동 때문에 이러한 삶의 방향이 그들에게 크게 용납되지 않았던 듯합니다.

스트로마이어 다시 아르코산티로 돌아가 봅시다.

솔레리 이 지구나 심지어 지구 밖의 공간에서 인간의 출현과 함께 자명해진 것이 두 가지가 있다고 최근에 저는 지적해 오고 있습니다. 하나는 농업이며, 다른 하나는 정주지입니다. 이 두 요점이 본질적인 것이라, 이 두 가지가 부재한다면 우리는 존재할 수 없습니다. 식량을 생산하지 못한다면, 사멸은 자명한 것입니다. 우리 자신을 보호하지 못할 때도 마찬가지입니다. 거주지는 필수적 사항입니다. 동굴의 모습일 수도 있고, 고급 주택일 수도 있지만 어떤 형태로 존재하든,

이것은 거주지입니다. 정주지는 이 행성에 나타난 두 가지 중요한 열쇠 중에 하나입니다. 바로 이 때문에 정주지를 제대로 짓는 일이 그렇게 중요한 것입니다.

따라서 아르코산티 작업을 시작하면서 우리는 제가 문화시설이라고 칭하는 요소들과 함께 어떤 종류의 일을 하든지 사람들로 하여금 일할 수 있도록 만드는 정주지를 지어야만 했습니다. 우리는 신체는 물론 마음까지 보호해야만 했습니다. 임시 거주지로 협곡 아래에 캠프를 치기 시작했고, 그런 다음 메사의 정상으로 올라가 두 채의 거주 공간을 세웠습니다. 우리는 그곳을 본거지로 작업을 해나갔습니다.

스트로마이어 아르코산티를 시작하면서, 사람들의 요구에 대해 놀랄 만한 무엇인가를 배웠습니까?

솔레리 원래 저는 하루의 일과란 공적이기도 하고 사적이기도 하다고 생각해 왔습니다. 탈리에신 웨스트는 이러한 점을 고무시키려 했습니다. 탈리에신은 생활하고 일하고, 먹고, 타인과 교류하며 지내는 곳이었습니다. 이 점이 의미하는 것은 공농적 제제로 이루어지는 일도 있었다는 말입니다. 우리가 이곳에 정착했을 때, 분리된 많은 개별 생활공간을 두고 식사는 공동 장소에서 준비하고 차려야겠다고 생각했습니다. 그러나 이 생각은 실행되기 너무나도 어렵다는 게 곧 드러났습니다. 정신력이 아주 강하고 책임감이 있는 사람이 아니라면, 뒤죽박죽이 되기 쉽습니다. 예를 들어, 한두 주 안에 누군가가 자발적으로 개수대의 그릇들을 닦으려 하지 않는다면, 개수대는 쓰레기통으로 바뀔 것입니다. 특히 자기 책임감에 대한 의식을 문화적으로 주입받지 못한 아이들이나 책임감 자체에 대해 반항하는 아이들을 데리고 있다면 문제는 더 어려워질 것입니다.

우리는 원래 여러 곳에 공동 부엌을 두었지만, 아르코산티 생활이 진행되면서 차츰 일하는 사람과 게으른 사람이 각각 생기게 되었습니다. 세 곳, 혹은 네다섯 곳의 방에 식사를 조달해 주는 부엌이 아직까지도 있습니다. 어느 면에서 볼 때 꽤 잘 운영되고 있지만 거의 카페의 부속실이 되어 버렸습니다. 바로 이러한 상황이 우리가 경험을 통해서 배운 점입니다. 즉 단체 활동에서 사람들이 책임감을 갖는 것이 얼마나 어려운 일인지 말입니다.

또 예를 든다면, 부수적인 문제의 소지가 있었습니다. 네다섯 명의 사람들이 아주 밀접히 접촉하며 일한다는 점입니다. 새로운 사람이 오기도 하고, 사람들 중 누군가가 떠나기도 하면서 그룹의 조화가 깨지는 문제가 생깁니다. 여기에 성적인 요소까지 덧붙여 생각해 보세요……. 젊은이들이 어떤지 잘 알지 아시죠. 그래서 문제가 아주 어렵게 되어 버립니다. 매사가 유연하게 잘 흘러가는 오래된 문화를 많은 면에서 존경하게 되었습니다. 프랑스인들을 염두에 둔 것입니다. 그들은 자유주의자였습니다. 그들은 모든 종류의 일을 겪어 왔지만, 종국에는 살아남았고 아주 잘 해나가고 있습니다.

스트로마이어 문제를 일으키는 그러한 행동에 미국의 문화가 얼마나 영향을 미쳤다고 보십니까?

솔레리 여러 면에서 미국의 문화는 정말 동적이며, 또 여러 면에서 가장 성숙하지 못한 문화였습니다. 즉 역사적 배경이 가장 모자라는 문화인 것입니다. 그래서 어느 방향으로든 성장해 나갈 수 있는 자유가 풍부하긴 하죠. 그러나 불행히도, 어느 면에서 부족한 것은 확실히 경험, 즉 프랑스인과 영국인, 스페인 사람, 이탈리아인들에게 발견되는 역사적 경험입니다. 그리고 제 생각으론 경험 부족은 설익은 존재가 치러 내야 할 대가인 셈입니다. 그 존재가 일개의 사람이든, 문화이든 상관없이 말입니다.

스트로마이어 아르코산티 작업이 진행되면서 잊혀지지 않는 순간이 있습니까?

솔레리 아르코산티 작업은 초반부터 빠르게 진행되었습니다. 지금보다 그때 자금 사정이 더 안 좋았기 때문에 역설적인 현상이 아닐 수 없습니다. 당시 상황으로 봐선 꽤 역동적으로 이루어진 셈입니다. 관심도가 증가했으며, 지역적인 차원에만 머물러서 발전한 것이 아니었기 때문에 외국의 학생들까지도 매료되기 시작했습니다. 이들 중에는 일본인들이 많았습니다. 지금도 이곳에서 일본인들과 강한 유대감을 이어오고 있습니다. 우리는 스콧데일나 심지어 코르데스 사거리 이곳에서보다 외국에서 더 유명해지지 않았나 싶습니다.
　아르코산티에서 개발된 또 다른 일은 예술 공연이었기 때문에 이곳은 일종의 문화적 정체성을 가지게 되었습니다. 이러한 방향을 고집한 사람은 저 자신이었습니다. 우리는 두 번의 영향력 있고 성공적인 대규모 음악 축제를 열었습니다. 이곳의 반원형 극장에 3천 명이나 되는 사람들이 모였고 많은 연주자들은 꽤 유명한 사람들이었습니다.

리치 해븐스(Richie Havens)가 출연하는 동안 우리는 그 지방에서 유명세를 얻었을 거라고 추측합니다. 우리가 검은 구름 아래 앉아 있을 때 그는 극장에서 연주를 하고 있었습니다. 이 검은 연기는 메사에서 솟아오른 것이었고 이상한 일이 아닐 수 없었습니다. 누가 그 일을 저질렀는지 당시에는 몰랐습니다. 우리는 주위로 흩어져 언덕을 올라갔습니다. 몇 분 안 되어 128대의 차량이 주차장에서 불타고 있는 것을 발견한 수 있었습니다. 그곳은 잔디가 깔려 있었고, 우리가 예상했던 것보다 더 많은 자동차들이 그곳에 있었습니다. 어떤 청년이 자동차 사이에서 담배를 피웠고 이것이 화근이 되었다고 누군가가 해명했습니다만, 아마 자동차 몇 대가 뜨거워지고, 더군다나 그곳이 잔디로 뒤덮여 있었고 엔진이 과열되자 불이 붙었다는 주장이 더 그럴 듯한 이유 같습니다. 우리는 전국적으로 뉴스거리가 되었습니다.

그 음악회는 우리의 야심만만한 음악 축제의 마지막이 되고 말았습니다. 이 시점에 이르러 우리는 좀 더 소규모의 이벤트를 개발하기 시작했고 지금도 그것을 이어오고 있습니다. 일 년에 여섯 번에서 여덟 번 정도 오후와 저녁에 음악회를 열었습니다. 고전 음악이 주를 이루었지만 재즈나 댄스곡도 연주되었습니다. 그리고 즉흥적으로 공연하길 원하는 사람들을 초대하기도 했습니다.

스트로마이어 언급할 만한 또 다른 이벤트는 없었나요?

솔레리 물론 있습니다. 역사 문제를 위한 석학 회의(Minds for History conferences) 회의가 있었고 우리는 이 회의를 주최했습니다. 아주 명석한 사람들을 초대했고 이곳의 극장에 오후 내내 모여 앉아 서로 질문을 주고받았습니다. 하버드 신학대에서 온 하비 콕스(Harvey Cox)가 내빈으로 참가했습니다. 스테판 제이 굴드(Stephen Jay Gould) 등도 참여했으며, 적어도 세 명 이상의 노벨상 수상자들이 이곳에 왔습니다. 그들이 현실에 대한 어떤 종류의 모델을 세우고 있는지 알아내는 것이 제 목적이었습니다. 위대한 석학들은 종종 현실에 대해 그리 신경을 쓰지 않기도 한다는 점을 발견했습니다.

아마 '프루걸 수프(Frugal Soup)'도 관심을 어느 정도 끌었던 것 같습니다. 비록 하나의 의식은 아닐지라도 이 행사는 우리가 이곳에서 행하는 유일한 의식적 행위입니다. 우리는 푸르걸 수프를 한 달에 한 번씩 먹습니다. 새로운 일단의 학생들을 받아들이면 우리는 금요일에 모임을 갖습니다. 바이나 그 외 다른 한적한 곳으로 가 우리는 간소한 수프를 대접합니다. 그 음식이 점심식사가 됩니다. 이 행사는 기아, 영양실조, 가난과 같은 사회 문제와 관련된 의식입니다. 처음 수프 한 모금을 침묵한 가운데 먹습니다. 두 번째 모금부터 사람들은 중얼거리거나 읊조리며 돌아다닐 수 있습니다. 무엇을 말하기 위해 이동하는지는 상관없습니다. 모든 사람들이 한 명 한 명 서로 접촉을 마친 뒤 행사는 끝납니다. 이것이 우리가 행하는 유일한 의식입니다.

그러나 누구에게도 억지로 참여하라고 강요하지는 않습니다.

라이언 왜 그것이 의식의 하나가 아니라고 지적하시는 거죠?

솔레리 저는 가톨릭 집안에서 자랐습니다. 그리 엄격한 가톨릭 집안은 아니었지만 매주 일요일마다 미사에 참여했고 어머니는 매일 미사를 보러 다니셨습니다. 아버지는 성스러운 음악의 선율을 좋아하셨기 때문에 음악을 듣고자 성당에 가곤 하셨습니다. 의식에 대해 이렇게 건전한 사고를 가지고 성장했습니다. 저는 종교 의식들을 아주 열성적으로 즐기는 편이었습니다. 그러나 어린 시절 텔레비전으로 본 남자들의 성인 의식을 떠올려 보게 됩니다. 지금 생각엔 아마 인도네시아였던 것 같습니다. 그때부터 의식이란 것이 무섭고 아주 끔찍할 수도 있다는 것을 납득했던 것 같습니다. 의식은 정말로 내게 두려움을 주는 대상이 되어 버렸습니다. 그 의식의 화려한 장관은 좋아했지만 그 내용에 대해선 아주 못마땅했습니다.

스트로마이어 검약성이란 개념과 그것이 환경친화 개념과 어우러지는 방식에 대해 이야기를 나누어 봅시다. 검약함 자체가 당신의 개인적 기질의 일부기에 당신에겐 그 개념이 면밀히 규정되어야 할 것은 아니라는 생각이 들기도 합니다.

솔레리 어쩌면 그럴 수도 있습니다. 제 경우에 검소함은 유전적 특질일지도 모르고 문화적 성향일지도 모르죠. 저희 집안은 전혀 유복하지 못했습니다. 그러나 저는 이 개념을 빈부의 차원을 넘어서는 더 큰 지혜로 생각합니다. 검약함의 반대말은 나태함이라 생각하고 그 나태함은 개인은 물론 일반적 삶 전반에 해당하는 말이기도 합니다.

하나의 종이 번성하기 위해서는 이른바 수많은 허사의 시간과 실패를 겪으며 엄청난 일이 필요합니다. 그러나 일단 하나의 유기체가 자리를 잡고, 그 살아 있는 유기적 조직체, 즉 살아 있는 모든 유기체는 검소함, 검약함 자체의 모델입니다. 심지어 총체적으로 주시해 보면 대식가조차 검약하다고 할 수 있습니다. 상대적으로 몇 킬로그램 안 되는 물질만으로 그는 50이나 60 평생을 살아갑니다. 이것은 믿을 수 없을 정도의 현상을 보여 주는 검약함의 단적인 사례라고 할 수 있습니다.

라이언 당신의 글 중에서 '러브 프로젝트(Love Project)'라 불리는 것에 대해 언급한 것을 봤습니다. 이것에 대해 몇 마디 해 주시겠습니까?

솔레리 인간애는 진보의 선두 주자라고 주장하고 싶습니다. 우리 인간은 이 행성에서 가장 발전된 형태의 생물이기에 모종의 책임감을 가집니다. 만일 우리가 살고 있는 현실이 무의미하다면, 그것에 다시 의미를 부여하고, 의미를 주입시킬 책임이 우리에겐 있습니다. 저는 이 책임을 '러브 프로젝트'라 부르고 싶습니다. 이것은 우리가 고안해 낸 것입니다. 우리는 사랑과 관대함, 동정심, 박애정신을 부각시켰습니다. 이것은 자연에서 발견되지 않는 생각들입니다. 동물들 사이에서도 그 심정들을 찾아내지 못합니다. 비록 그 흔적이 동물들에게 어느 정도 느껴지긴 해도 말입니다. 따라서 의미가 상실된 것에 의미로 충만한 무언가를 투사시켜 놓는 일이 우리의 임무입니다. 그것은 바로 무관심에 대해 투쟁하는 일입니다. 이것들은 다분히 인간 중심적인 개념들입니다. 그러나 우리는 이것들을 회피할 수 없습니다. 우리는 인류이며 이 숙명을 받아들이는 것이 좋겠지요. 이러한 생각이 사건에 대한 우리의 해석입니다. 제가 가정해 보건데 만일 우주가 한없이 펼쳐지고 무한히 그 생존을 지속해 간다면, 우리 인간은 사멸할 수도 있는 존재일 것입니다. 이런 우주의 차원에서 볼 때 우리는 그저 사소한 현상에 불과할 것입니다. 어쩌면 영원한 삶이라든가 인간의 영원한 존속 자체를 잊어버리는 것이 더 좋겠습니다. 그러나 다른 한편으로, 우주가 특정한 목표점을 향해 전진하는 닫혀 있는 하나의 순환 고리라 가정하는 사람들은 다음과 같이 제기할 것입니다. "우주 전체를 정신 속에, 총체적 지식 속으로 옮겨 놓을 생각은 왜 하지 않는가?" 무엇에 대한 총체적 지식이란 말입니까? 물론 틀린 지적은 아닙니다. 만일 이런 일이 일어난다면, 이 창조에 동참한 모든 것들이 그것을 향유할 것입니다.

스트로마이어 이러한 총체성을 이루는 요소 중에 고통받고 다른 부분들에 종속되어 버릴 것들이 존재하게 된다면, 이것은 역기능에 지나지 않는 것 아닙니까?

솔레리 물론입니다. 역기능은 물론, 불공평한 문제이기도 합니다. 진정 평등한 조건을 만들기 위해서는 전체의 모든 부분이 전체의 완성을 위해 동참하게 되는 환경을 만들어야 합니다. 어떤 체제 내에서 불공정이 지속되는 한 이러한 상태에 도달하기란 불가능할 것입니다.

스트로마이어 만일 불평등이 전제된다면 그 주체와 대상이 설정된다고 당신은 지적한 바 있습니다. 그렇다면, 당신이 초월하고 싶은 것은 완전한 주관성이 아닌가 싶은데요.

솔레리 그렇다고 할 수 있습니다. 무엇이든지 간에 모든 것을 동일시하게 되면, 그 모든 것은 내면화됩니다.

스트로마이어 그것을 성취하기 위해 사람들이 일생 모든 현실 밖에서 얻어낼 수 있는 것이 어떤 의식의 상태라는 말입니까?

솔레리 그런 생각은 망상일 수 있다. 왜냐하면 의식이나 내면에 집중하고 있는 동안, 아이들이 고통받거나 죽어 가고, 내 자신의 갱생, 즉 나만의 소생을 위해 무언가를 선택해 나가는 동안 수많은 고통과 질곡들이 쌓여 갑니다. 이러한 상태가 바로 불평등입니다. 저는 이것을 환상적인 것으로 간주합니다. 왜냐하면 우리기 다가가아 할 빛은 그곳에 있지 않기 때문입니다. 빛은 창조되어야만 하고, 우리 자신이 바로 빛을 창조하는 데 한몫을 해야 하는 존재입니다. 빛은 서서히 발산됩니다. 무엇을 통해서냐면, 그건 의식입니다.

라이언 그렇다면 그것은 도달해야 될 지점 밖에 존재하는 무엇이 아니라는 말입니까?

솔레리 그렇습니다. 강제성은 없습니다. "이것을 하고 저것을 해서는 안 된다."고 명령하는 사람은 없습니다. 우리는 어둠에서 우리의 조건을 만들어 냅니다. 그리고 이 어둠은 빛이 창조되는 마지막 순간까지 우리와 함께할 것입니다. 결국 아름다움이라는 것은 수단으로서의 인간 자신이 목적 자체라는 점을 발견해 내는 일입니다. 왜냐하면 여러분 모두 그러한 목적을 총체적으로 구성하는 일부분이기 때문입니다. 물론 우리 모두는 그러한 상태에 도달하기 전에 죽을 것입니다. 그러나 우리는 노력을 통해서 그 상태에 이르려 시도하는 위대한 과업과 함께 하는 것입니다.

스트로마이어 사이버 스페이스를 이 가설에 적용하면 어떨까요?

솔레리 어느 날 아침 사이버 스페이스가 와서는 이렇게 말할 것입니다. "미안해요. 멋진 이들이여. 그러나 더 이상 당신들이 필요 없군요. 우리는 당신을 박물관에 넣어두고 싶군요." 그리고 세상 전체가 멋진 박물관이 될 것입니다. 동물원이 될 수도…….

스트로마이어 완전한 지성화로 향한 이러한 진보에 그것이 일조가 될 지점은 무엇이라고 생각하십니까?

솔레리 글쎄요. 전혀 아는 바는 없지만, 그것은 바로 가능성이라는 점을 깨달아야 한다고 말하고 싶습니다. 그래서 우리가 제기할 질문은 우리가 만들어 놓은 사이버 스페이스라는 이 신생아를 어떻게 조직해 내어 이 신생아 안에서 생태학적인 것의 위대함을 인식해

낼 것인가입니다.

　이 최첨단의 조직체는 과거가 없는 존재입니다. 최초의 컴퓨터가 개발되면서 시작된 것입니다. 이것이 바로 그 역사입니다. 역사를 가지지 않는 것들은 과거의 지나간 일에 대한 연민 어린 회상을 가질 수 없습니다. 왜냐하면 아무런 의미도 부여해 주지 못하기 때문입니다. 따라서 이 실리콘이나 실리콘 이후의 정보덩어리는 약 45억년 정도 동안만 지속되고 있는 탄소 현상의 여러 곤경에 대해 전혀 무관심합니다. 생물권의 존재 자체가 전혀 필요하지 않게 될 수도 있습니다. 사이버 스페이스에서 생물권은 필요하지 않습니다. 결국 우리가 생물권이라고 부르는 것이 꽃피운 모든 것들이 사라질 것입니다.

스트로마이어 지금 우리가 이야기하고 있는 이런 개념들이 환경 친화적 디자인에 번안되어 나타날 수 있을까요?

솔레리 물론입니다. 생명이나 삶을 돌보는 경우 결국 도달한 지점은 잘 알다시피 그 궁극적 종착점입니다. 그러나 이런 종착점은 세네 번의 영원을 거친 후에 옵니다. 따라서 꽤 긴 여행인 셈입니다.

스트로마이어 아르코산티가 어떠한 방식으로 환경 운동에 접목되었다고 생각하십니까?

솔레리 글쎄요. 아직 생소했던 환경운동에 대해 더 잘 알고 싶어 했습니다. 저를 항상 초조하게 만들었던 것은 제가 아는 한 환경운동에서 정주지와 관련된 인간의 출현과 환경 사이의 관계성에 대한 단서를 전혀 찾아 낼 수 없었다는 점입니다. 환경을 구제해야 될 곳은 도시라고 저는 항상 지적해 왔습니다. 도시의 존재를 무시하거나 망각한다면 환경은 훼손의 길로 접어들 것입니다. 이렇게 되면, 가장 소비적이고 가장 오염되고, 가장 파괴적이며, 가장 분열된 환경의 상태를 겪게 될 것입니다. 따라서 환경운동적 열망으로서의 생활권 구제는 도시의 존재에 그 초점이 맞추어져야 합니다. 이러한 측면의 관련성이 아직 잘 규정되어 있지 않습니다.

도시 밖의 공간에서부터 거슬러 올라가며 조명해 봅시다. 농지와 정주지가 보이지 않습니까? 이것들은 생활권의 거대한 중재 요소들입니다. 만일 이러한 중재 역할들이 혼돈에 빠진다면 생활권의 치명적 파괴에서 벗어날 수 없을 것입니다. 소비나 생산의 요구에 따라 지금처럼 도시가 교외나 준교외 지역으로까지 팽창된다면 환경이 파괴될 것이라는 점은 자명합니다. 우리 집이 커질수록 더 많은 물건들을 들여놓을 것이고, 집이 커질수록 옆집과 더 떨어져 고립된 상태로 될 것입니다. 아주 일반적인 현상입니다. 따라서 인간 관련성의 흐름들은 정신적인 측면이나 사회적인 측면에서만 접목되어서는 안 되고, 물질적인 측면, 즉 식료품, 설비, 쓰레기, 물, 하수와 같은 물리적 요구의 측면에서도 서로 연결고리를 가져야 합니다. 환경운동가로서의 우리가 받아들여야 하는 생각은 바로 여러 측면을 한데 접목시켜야 한다는 점입니다.

스트로마이어 그렇다면, 어느 면에서 볼 때, 많은 환경운동가들이 황폐된 곳에 관심을 집중하며 자연 환경을 지키려는 반면 당신은 도시에 관심의 초점을 두는 방향으로 자연 환경을 보호해야 한다는 것 같습니다. 확실히 두 입장 사이에는 교차점이 있어 서로 상반되는 방향은 아니라고 할 수 있습니다.

솔레리 아마 서로 상반된 입장은 아닐 것입니다. 도시 조건은 비도시적 조건에 대해 다음과 같은 말로 대응합니다. "나는 스스로의 한계선을 넘지 않을 것이다. 나는 자연의 영역을 침범하지 않을 것이다. 나는 내 경계 안에서 나 자신을 끌어안고 문화나 지식 그리고 모든 인간 활동과 같이 인간이 관심을 두는 부분을 개발해낼 것이다." 따라서 도시는 자연환경에 무심하지 않습니다. 어찌 보면 이 둘은 극과 극에 있기도 합니다. 제가 말하고 싶은 점은 도시적 조건 밖에서 집을 짓기 시작한다면 결국 자연은 사라진다는 것입니다. 이러한 파국을 피하기 위해서 우리는 우리 자신 스스로를 끌어안아야 합니다. 이러한 끌어안음이 강도 높은 긍정성과 풍부함을 지닌다면 답은 바로 이것 자체에 있을 것이라는 점이 제 가설입니다.

스트로마이어 도시를 형성하는 데 자본주의가 한 역할은 무엇입니까?

솔레리 소유권을 통해, 즉 모종의 힘을 부여해 주는 정치적, 사회적 집단을 통해 사건와 사물을 지배하는 데 큰 관심을 두지 않기 때문에, 이 점에서 보면 저는 자본주의를 경험하지 않은 셈입니다. 과거에도 관심을 두지 않았고 지금도 마찬가지입니다. 따라서 자본주의적 차원에서 내 개인적 경험은 제로 상태에 가깝습니다. 그러나 자본주의라는 것이 환상적일 정도로 강력한 기계적 에너지라는 점은 당연히 인정합니다. 자본주의는 환상적 결과물들을 배출하고 자본가의 손 아래에서만 사물이 쓸모 있고 입수 가능해지는 체제입니다. 따라서 자본주의는 현실이 어떠한 상태이며 현실이 무엇을 줄 수 있는가를 인식하고 이 인식을 통해 개인이나 더 좋게는 집단이 어떻게 이익을 창출할 것인지를 잘 알게 해 주는 좋은 사례라고 생각합니다. 그러나 우리 인간은 종 전체로서보다는 개인 하나 하나의 차원에서 근본적으로 자기중심적이고 기회주의적 동물이기 때문에 기본적인 한계척도를 무시하는 위험에 처할 수밖에 없습니다. 대부분의 시대를 통틀어 부의 축적은 부패로 귀결됩니다. 돈은 부패의 온상입니다. 세계 어느 곳에서나 이것은 자명한 이치입니다.

스트로마이어 자본주의에 대해 양의적 입장을 가진 듯합니다.

솔레리 그렇습니다. 자본주의에 대한 동정어린 시선을 주지 않는다면, 자본주의는 그 자체의 속성에 맞는 행로를 밟을 것입니다.

스트로마이어 아르콜로지에 대해 생각했을 때, 부의 분배 개념이 이것에 어떻게 접목되었습니까?

솔레리 유추라는 도구를 끌어들였을 때 두 개념이 교차점을 만들어 냈습니다. 가장 품질 좋은 바이올린을 가지고도 연주자나 작곡가가 누구냐에 따라 그곳에서 가장 끔직한 소리가 나올 수도 있습니다.

악기라는 도구 자체는 음악의 질을 좌지우지하지 못합니다. 제가 디자인하고 있는 것도 이러한 도구라고 할 수 있습니다.

그러나 당신의 질문에 답하는 차원으로 제가 제시하고 싶은 점은 평등에 도달하기 위한 일련의 과정을 강조해야 할 필요를 우리는 깨달아야 한다는 것입니다. 내 모델에서 현실은 자비심 없는 것으로 설정되기 때문에 이러한 노력이 무엇보다 중요하다고 생각합니다. 현실은 냉담합니다. 이러한 냉담은 우리 인간의 자산입니다. 따라서 우리는 이 안에서 무엇인가를 해내야 합니다. 지금 우리는 기적적인 일을 하고 있습니다. 그러나 너무도 어리고, 무지하고, 이기적인 우리에겐 아주 길고도 긴 투쟁과 같은 일이 될 것입니다.

라이언 바로 이 부분에 다른 환경론자들과 당신의 차이점이 있는 것 아니겠습니까? 만일 현실이 냉담하다면, 우리의 조건을 만들어내는 점진적 변화도 이처럼 냉담한 방향으로 갈 것이라는 생각은 들지 않으세요?

솔레리 물론입니다. 하지만 이러한 위기 속에서 우리가 처한 진정한 기적의 본성을 감지하게 됩니다. 현실이 자비로움으로 충만하다면, 우리는 아주 부적절하고 성공적이지 않은 방식으로 이러한 조화와 자비로움을 다시 찾으려고 시도하는 사소한 존재에 지나지 않을 것입니다. 이것은 제가 전혀 고려하거나 다루고 싶지 않은 존재 방식입니다. 우리는 아주 맵섭고 몹시도 거칠면서 무자비할 정도로 냉담한 현실 속에 살고 있다고 믿습니다. 따라서 이 현실 속에 녹아들기 시작할 수 있다면, 즉 우리가 배출해 놓은 모든 것들이라고도 할 수 있는 동정과 관대함을 통해 이러한 현실과 조우할 수 있다면, 우리의 위대함은 증명될 것입니다. 냉담에 대한 해결책은 이 우주를 꿰뚫어 내어 그것을 변화시키고 변형시키는 일이며, 우리 인간 스스로의 상을 파헤쳐 그 상을 개선하고 이와 동시에 현실을 간파해 나가는 일입니다.

스트로마이어 여전히 이런 질문이 나올 수 있겠습니다. "그 속에 우리를 위해 존재하는 것은 무엇입니까?" 당신이 제시한 방향으로 발전해 나갈 수 있도록 동기를 부여해 주는 것은 무엇입니까?

솔레리 다음과 같은 점이 제 모델입니다. 우리 존재의 정당성을 얻는 유일한 방법은 종국에는 구원될 수 있을 것이라는 믿음을 갖는 것입니다. 이 말에 기독교적 의미는 없습니다. 영광스럽게 고원의 경지에 도달하게 될 때 우리 존재가 진정으로 현현할 것입니다. 제가 말하는 이 영광스러운 고원의 경지에 오른다는 것은 모든 현실이 투명해지는 승전보를 얻는 일입니다. 제가 보통 '애니미즘'이라고 표현하는 신학은 이 일에 오히려 방해가 됩니다. 창조주를 찾으려고 시도하면서 아마도 우리는 최상의 에너지를 낭비하고 있는지도 모릅니다. 제가 아는 한, 애석하게도 이러한 창조주 자체가 없다는 것입니다. 우리는 스스로 창조된 존재일 뿐입니다.

스트로마이어 만일 이상 도시에 대한 당신의 기획이 실현되거나 실현 가능성을 가지게 된다면, 원래 있던 기존 도시 상태에서 그 일이 이루어질 수 있을까요? 예를 들어, 피닉스에서 일어날 수 있습니까? 아니면 새롭게 시작해야 합니까?

솔레리 그 점에 관해서라면, 학생들이 지금 그 부분에 대한 작업을 진행해 오고 있습니다. 즉 현재의 유형들을 검토하고 그것들을 개선하려고 시도하고 있습니다. 이들에게 못마땅한 점은 회의적이며 비관적인 자세입니다. 저는 이 경우 적용될 수 있는 슬로건을 내걸고 있습니다. "오류들을 더 깊이 파헤쳐라."고 말이죠. 잘못된 점들을 개선하기 위해 해야 할 일은 그것의 그릇된 방향을 관철시키는 것입니다. 저는 항상 총의 사례를 들곤 합니다. 최초의 총은 납이나 돌멩이를 쏘아대는 작은 파이프에 지나지 않았습니다. 그러나 현재 일 분에 삼천 발의 총알이 나가는 총들이 있습니다. 이것이 바로 제가 말하는 그릇된 것들이 끊임없이 개선되면서 나온 결과입니다.

프랭크 로이드 라이트의 브로드에이커 시티(Broadacre City)도 한번 생각해 보죠. 교외 개념을 완벽하게 정립함으로써 그는 그것을 미화하고 정당화시키는 데 일조했습니다. 제가 보기엔 이것 역시 아주 높은 지능도와 고도의 영리함이 수반된 훌륭한 디자인을 정교히 다듬으면서 잘못된 무엇인가를 더욱 더 나쁘게 만들어 버리는 전형적인 경우라고 할 수 있습니다. 이 계획안은 실행되지 않았지만, 어떤 의미에서 보면 현재 그것은 전역에 실제로 퍼져있다고 할 수 있습니다. 그래서 어쩌면 우리는 오류의 정점 한가운데에 존재하고 있는지도 모릅니다.

스트로마이어 사람들을 아르콜로지로 이끄는 데 성공하리라고 생각하십니까? 즉 인간의 진보가 가속화되거나 창조성, 상상력, 의식이 폭넓게 고양될 것이라고 생각하십니까?

솔레리 그렇습니다. 런던이나 파리, 홍콩에서도 이런 일이 있을 수 있다고 할 수 있습니다. 이 도시들은 각 장소의 문화적 수단들을 규정하고 동시에 그 존재를 통해 모든 인간에게 영향을 주는 독특한 특성들을 지니고 있습니다. 사람들은 이 도시들이 존속할 것임을 알고 적어도 그것에서 어떤 느낌을 받기를 좋아합니다. 이것은 개별적인 것에서 존재하지 않는 모종의 역동적 에너지의 결과입니다.

스트로마이어 도시 근교에서는 불가능한 일인가요?

솔레리 그렇다고 할 수 있습니다. 그곳에서는 비평적 대중이 나올 수 없습니다. 비평적 대중이 부재한 상태에서 불길을 일으킬 수 없고 에너지를 발산시킬 수 없으며, 사고라는 것을 지닐 수도 없습니다. 양적인 차원, 즉 상대적 비례치를 말하는 것입니다. 우리가 세웠던 중학교, 대학, 의료시설, 극장, 공연장 등의 시설들을 한번 생각해 봅시다. 개인으로 이루어진 비평적 대중이 형성된다면 이 시설들은 자연스럽게 생기는 것이며, 이러한 비평적 대중이 없다면 이 시설들은 존재할 수 없습니다. 그 시설들을 유지해 나갈 수 없는 이유도 한몫을 합니다. 바로 이 때문에 도시는 하나의 자석과도 같습니다.

스트로마이어 아르콜로지를 구성하는 이러한 요소들을 세우는 데 드는 비용을 어느 정도로 예상하십니까?

솔레리 현재 연구소를 짓고 있습니다. 장비들이 제대로 준비된 이후에야 그 질문에 답할 수 있을 듯합니다. 그 시점에 가서야 대략의 비용을 추산하여 제시할 수 있겠지만 아마도 추산하는 데 몇 백 년이 걸릴지도 모르겠습니다. 그 부분에 대한 투자, 즉 애초의 투자가 도시 지역을 개발하는 것보다 훨씬 많이 들 것으로 예상되기 때문입니다. 우리는 30년 정도를 두고 투자하지 않고 두 세대 반 이상의 훨씬 더 기간을 내다보며 투자할 것입니다. 이러한 맥락에서 교외 지역에 드는 비용과 아르콜로지에 드는 비용 사이의 균형을 잡을 수 있을 것입니다. 교외 지역에서는 이 좋은 시설들을 유지할 수가 없다는 점을 명심해야 합니다. 그곳에서도 시도는 될 것이지만, 주로 도시 쪽으로 다시 편향될 것입니다.

스트로마이어 이제 당신이 차세대 아르콜로지라고 부른 것에 대해 이야기하면 좋을 듯합니다. 이 용어의 의미에 대해 말씀해 주세요.

솔레리 어쩌면 그것은 기후나 태양을 더 고려한 도시 환경이며 태양열을 더 적극적으로 이용하는 개념일 것입니다. 1차 아르콜로지는 정신적인 차원이 강한 것이었습니다. 정신적 과정, 즉 인간의 마음부터 정화시키는 과정이 그것의 기반이었습니다. 차세대의 기반은 생명에서 발산되는 광채라고 할 수 있는데 바로 그것은 태양입니다. 그것은 자연광의 에너지라는 차원으로도 제시됩니다.

스트로마이어 물이나 지형, 교통 등의 요소보다 차세대 물결의 원천으로 태양 에너지를 꼽게 된 이유는 무엇입니까?

솔레리 그것이 제일 중요한 요소입니다. 우리는 물의 자손이라기보다 태양의 아이들입니다. 우리가 하나의 물이라는 점도 사실이지만 그것을 존재하게 만드는 것은 바로 태양입니다. 태양은 비와 범람, 대양, 강을 거쳐 물을 순화시킵니다. 태양은 이 모든 물줄기를 만드는 원천입니다. 두 번째로 중요한 것은 빛을 향해 우리의 삶을 구축하려는 의지라고 생각합니다. 세 번째 요소의 경우, 삼라만상 위에 쏟아지는 많은 양의 에너지를 생각해 볼 수 있겠습니다. 그것의 일부를 사용하지 않을 이유가 없습니다.

아주 간단하게 말하자면, 1차 태양 아르콜로지(sun archology)는 서로 분리되어 남쪽을 면하고 있는 두 개의 쪼개진 단면들입니다. 그 도면에서 이렇게 발산하는 에너지의 현존을 확인할 수 있습니다. 400쪽이 넘는 책자를 10권이나 가지고 있습니다. 이 책들은 차세대 개념과 관련된 스케치로 이루어져 있습니다. 모두 4000쪽에 달하는 셈이라, 도면 종이들을 둘둘 감아 정리해 놓았습니다. 세계 도처에서 각종 업무와 관련된 건축회사들이 이 도면들로 작업하는 데 관심을 보여 왔습니다. 그들과의 의견교환은 지금부터 수개월이 걸리겠지만 우리의 안이 어디선가 빛을 보려면 수년이 더 걸릴 것이라고 느낍니다. 가장 상태가 좋은 디자인을 골라 5천 명을 수용할 수 있는 구조물을 그들에게 제시하고, 실험의 하나로 작업해 달라고 제안할 생각입니다. 그들이 그것을 가지고 작업을 진행하는 것을 주시할 것입니다.

스트로마이어 제3세대 아르콜로지는 어떠한가요?

솔레리 제3세대 개념이라고 불릴 만한 것에 대해 확실한 생각의 방향은 없습니다. 그러나 제가 그린 공간 드로잉에 그 제목을 달 수 있으리라 생각합니다. 이것은 별들의 전쟁(Star Wars)을 선포한 대통령에게서 힌트를 얻었습니다. 그의 이름이 뭐죠?

라이언 로널드 레이건입니다.

솔레리 맞아요. 레이건의 스타워즈 구상에서 핵심은 우리가 이 행성을 지배하는 방식이 될 테지만 우리는 공산주의자 등도 고려한 상태로 이 공간에 접근합니다. 저는 이것이 그리 시시하지만 않다면 매우 흥미로운 것임을 알게 되었습니다. 그래서 생각나는 대로 떠오르는 것을 그려본 후 공간으로 해석된 아르콜로지의 다이어그램을 만들어냈습니다. 이 아르콜도시는 인산의 평화로운 초월을 표현합니다. 이것이 바로 평화의 공간이었으며 레이건에 대응하기 위한 것이었습니다.

정주지를 공간으로 옮기는 작업의 구체적인 사항은 고도의 기술적 전략은 물론 지고의 문화적 전략까지 필요로 합니다. 고도의 기술을 기반으로 전개되고 완전히 기술 자체에 초점이 맞추어진 일차적 단계, 즉 기술집약적 생존 단계 이후, 일단의 사람들이 이주하고 이 인구 자체가 공간 환경으로 동화되는 두 번째 단계가 진행될 것입니다. 따라서 환경 자체가 미세한 아르콜로지에 가까워질 수 있다는 생각을 하기 시작했습니다. 소행성을 하나 잡는 것이 진행 과정 중 하나가 될 수 있다는 게 저의 제안이었습니다. 이 제안을 저만 제기했던 것은 아니었습니다. 즉 이러한 방식으로 거대한 공간 하나를 출현시킬 수 있다고 다른 이들도 제시한 바 있습니다. 소행성을 파고 개발하여 어느 정도 일이 진행된 이후 아주 기본적이고, 원시적이며 경계가 한정된 생태학적 버블을 만들 수 있도록 이 행성은 변형될 것입니다.

제가 지적한 적 있듯이, 이 버블, 즉 이 작은 생태 공간(ecominutia) 속에 있는 도시로 우리 아이들이 이동하기보다는 우리의 알이나 정충이 옮겨져 그곳에서 기억 매체를 기반으로 삶을 전개시킬 것이라고 예상합니다. 혹은 그곳에 인공 지능적 존재가 이주할 수도 있겠습니다. 그곳은 인공지능을 기반으로 한 일종의 식민지 형태의 포스트 시티가 될 것입니다.

스트로마이어 그것이 우리 행성의 문제를 해결하는 방식이 될까요? 아니면 우리가 어쩔 수 없이 처하게 될 필수불가결한 과정인가요?

솔레리 인구 증가의 문제만으로 천만 명이나 일억 명의 사람들을 데리고 그곳으로 이주하자는 제안은 아닙니다. 오히려 실험실과 같은 환경집약적인 건물을 세울 만큼 좋은 장소가 될 그런 공간을 제안한 것입니다. 그 공간은 또한 이 우주에서 우리가 가치 있는 존재인지 아닌지를 생각해 볼 수 있을 만한 좋은 장소가 될 것입니다. 거의 보이지도 않을 만큼 아주 작기 그지없는 한 점 현실의 양태에 불과한 이 지구에만 지적 작용을 한정시키는 것은 어리석은 일입니다. 영원히 지구 자체만을 고려할 수는 없습니다. 따라서 우주 전체에 자의식을 확장시키는 일은 우리가 우리 자신과 우주에 제공하길 원하는 하나의 배려가 될 것입니다.

라이언 20년 전만 해도 당신은 저서에서 '정신'을 인간의 목적을 이해하는 데 핵심이 되는 말로 사용했었습니다. 지금은 그 단어가 빠져 있는 듯합니다. 무슨 일이 있었던 건가요? 또 어떤 변화가 있었습니까?

솔레리 제가 신학이라고 부르는 것의 정체를 서서히 간파했다는 점이 변화 요인이었습니다. 왜냐하면 신학은 개인이나, 집단은 물론 사회와 국가에 큰 해를 끼치는 것임을 느꼈기 때문입니다. 만일 신이 존재하지 않는데, 우리가 신 자체에 만족하고 거짓말이나 어리석음, 비존재에 만족한다면 이것만큼 슬프기 그지없고 치명적인 일은 없을 것입니다. 왜 우리가 거짓에 함몰되어야 합니까? 우리는 현실을 숙고하려고 노력해야 합니다. 관념, 즉 기만적인 관념 덩어리 대신 말입니다. 신학은 정신을 산만하게 만드는 데 그치지 않고, 파괴적이기도 합니다. 의식이 형성되던 최초의 순간부터 우리는 신학적 이유들 때문에 서로를 죽여 왔습니다. 따라서 신학적 체계는 비교할 여지없이 잔인하다는 점은 자명한 이치입니다.

간혹 저는 아주 단순한 기원에서 출발하는 것이 가장 좋다는 생각으로 귀결되곤 합니다. 따라서 아주 기초적인 것에서 시작하여 고도로 복잡한 것에 이르는 것이 좋습니다. 가령, 물질 혹은 의미가 없어 보이는 것에서 출발하여 의미로 충만한 것에 서서히 도달하게 되는 거죠. 그리고 우리 모두는 의미 있는 것들을 점차적으로 넓혀 가야 할 책임을 가지고 있습니다. 왜냐하면 고원한 어디론가로부터 우리에게 명령이 내려지는 것도 아니고 높은 곳 어딘가에서 협박을 내리는 것도 아니거니와, 천상의 어떤 실체가 우리를 사랑한다는 메시지를 들은 적도 없기 때문입니다. 이것은 명령의 과정이라기보다 자발적인 과정의 하나입니다. 아시다시피, 이것이 믿을 수 없을 정도로 아름다운 것은 바로 이 때문입니다. 우리는 우리 자신에게서 고귀한 것, 신과 같은 것은 무엇이라도 창조해 낼 수 있습니다. 바로 삶이 그것을 창출해 냅니다. 신과 같은 고귀한 것 없이도 삶은 그것을 창조해 내는 어떤 힘과도 같습니다. 이 가설이 긍정적인 방향을 지닌 것이라고 느끼기에 저는 그것을 탐구하고 있습니다.

중앙 볼트와 청동 작업 공방

진화하는 도시

이 대담은 캘리포니아 오클랜드(Oakland)에 있는 전 캘리포니아 주지사 제리 브라운(Jerry Brown)의 자택에서 1995년 12월에 기록되었다. 이것은 브라운의 라디오 프로그램인 "위 더 피플(We The People)"을 통해 방송되었으며 곧이어 그의 저서인 『대화(Dialogues)』에 실렸다.

튜린(Turin) 태생의 이탈리아인 파울로 솔레리는 프랭크 로이드 라이트 밑에서 공부하기 위해 2차 세계대전 바로 직후 미국에 왔다. 건축가와 작가로서, 그리고 새로운 인간의 공간을 개척하려는 사람으로서 솔레리는 애리조나 스콧데일에 코산티 재단이라는 도시 연구소를 세우게 되고, 1970년부터는 애리조나 코르데스 사거리 외곽의 고지대 사막에 실험적 공동체인 아르코산티를 짓기 시작한다. 4천 에이커에 달하는 땅의 중심 부분에 24에이커의 대지를 차지하며 7천 명의 거주민을 수용하고 유지하도록 설계된 아르코산티는 건축과 생태학의 합성 개념인 '아르콜로지' 원리가 구현되도록 의도된 곳이다. 솔레리는 일생 동안 이 개념을 끊임없이 발전시켜 오고 있다.

솔레리는 10권의 책을 저술했고, 『아르코산티(*Arcosanti: An Urban Laboratory*)』, 『아르콜로지』, 『오메가 시드(*The Omega Seed: An Eschatological Hypothesis*)』 등이 이에 속한다. 그가 캘리포니아를 방문한 수년 전에 그를 처음 만났으며, 그 이후 그와 대화를 나누기 위해 아르코산티를 둘러보게 되었다. 1995년 12월에 이루어진 이 대담에서 파울로는 아르코산티 설계의 틀을 잡고 있는 많은 요인들을 자세히 규정해 주었으며 살 만한 미래 도시의 윤곽을 잡는 데 도움을 주었다.

※

브라운 파울로 씨, 아르코산티에 있는 건물을 설계하는 데 영감을 준 몇몇 아이디어들부터 이야기해 봅시다.

솔레리 우리는 지난 30년 동안 오래된 아이디어, 즉 인간의 무리들이 마을, 도시, 거대도시 시스템을 거쳐 집단을 이루어 나가는 아이디어를 사회에 소개하려고 시도해 왔습니다. 이것은 아주 오래된 이야기이며 사실, 도시에 해당하는 라틴어 시비스(*civis*)는 문명의 어원이 되는 말이기도 합니다. 이 용어는 도시의 모습과 문명의 발전 사이에 구분 자체가 있을 수 없다는 점을 가리키고 있습니다.

브라운 그렇게 본다면 도시가 문명을 낳는다고 할 수 있겠습니다. 하지만 도시와 문명의 관계에서 파괴적인 요소들도 있는 것 같습니다. 적어도 근대에 들어서 세계 도처에서 도시는 문명에 아주 적대적인 것처럼 보입니다. 다만 여기서 문명을 고상하고 창조적이며 아름답고

기분 좋은 무언가로 규정한다면 말입니다.

솔레리 어쩌면 그것이 도시의 병리학이 되고 있다고 할 수 있습니다. 그러나 모든 현상에는 어느 정도 병적인 측면이 있게 마련입니다. 따라서 우리는 도시가 제공할 수 있거나 천 년간 제공해 오고 있는 것과 도시에 만들어 줄 수 있는 것, 즉 당신의 지적대로 환경 사이를 구별할 필요가 있습니다. 현재 이 환경은 좋은 사회를 이끌어 낼 만한 것이 아닌 편입니다. 이 대륙에 있는 모든 도시를 제거한다면 남아날 것이 없는 게 사실입니다. 우리 미국인들이 도시에 대해 아주 회의적일지라도, 우리는 도시가 여전히 양적으로나 질적으로 여러 가지 일들이 일어나는 장소임을 인정해야 합니다.

브라운 질적으로나 양적으로 여러 사건들이 도시에서 발생하지만 정부에 속해 있는 사람들이나 도시를 벗어나려는 사람들 즉 거의 30년 동안 이렇게 하고 있는 사람들로부터 도시는 아주 형편없는 취급을 받고 있다는 점이 흥미롭지 않을 수 없습니다.

솔레리 그러한 현상은 무시무시한 실수가 아닐 수 없습니다. 그 이유를 대충이나마 들려주고 싶은데요. 지구의 인구는 몇 년 전만 해도 50억이었지만 2050년경에는 100억에 이를 것임을 우리는 압니다. 우리가 이 행성에 가하는 모든 종류의 해악은 인구가 두 배로 되면서 자연스레 두 배로 될 것입니다. 그러니 2050년에 가서 우리에겐 동일한 두 행성이 필요할 것입니다.

그때에 가서 미국인들은 아메리칸 드림을 이행하게 되겠지요. 어쩌면 우리가 아메리칸 드림을 이행한 후 이것을 행성의 드림으로 만든다면, 필요한 행성의 수는 여러 배로 늘 것입니다. 이 드림은 민주주의나 정의, 평등과 같은 개념과 잘 맞아떨어지게 될 것입니다. 미국인들의 소비량은 행성의 보통 사람들보다 20배나 많을 것입니다. 따라서 아메리칸 드림이 행성의 드림이 되고, 인구가 두 배로 증가하게 된다면, 2050년에 50개의 행성이 필요하게 될 것입니다.

브라운 따라서 우리 미국인들은 50개의 행성에 필요한 삶의 방식을 구상해야 합니까? 아니면 생활의 수준을 50배로 낮추어야 합니까?

솔레리 바로 그것이 안타까운 점입니다. 만일 온건함에 이르지 못하고 아메리칸 드림을 새로운 방향으로 개발하지 않는다면 꿈은 이루어지지 않을 것입니다. 최후 심판의 날만이 도래할 것이다. 왜냐하면, 인류 역사상 처음으로 이 행성이 극의 주연 배우로 등장했기 때문입니다. 그것의 한계는 지금 자명한 사실이 되고 있고, 기쁨을 얻는 것이라면 무엇이든지 이 행성에서 요구할 수 없다는 너무나도 명백하고 중요한 사실을 무시할 수 없습니다. 따라서 우리는 아메리칸 드림을 취하여 그것을 소박하게 만들 필요가 있습니다. 또한 물질만능의 에덴을 향한 종말로 귀결되지 않고 개인과 사회의 내적 삶에 더 초점이 맞추어지는 무언가로 그것을 변화시켜야 합니다.

브라운 미국이나 그 외 선진국들에서 펼쳐지는 오늘날의 풍족한 생활 방식이 문명이 지속되는 것을 정말 위협하고 있다는 점을 잘 인식할 필요가 있습니다. 물론 바로잡힐 일은 아니지만 말입니다.

솔레리 정말 그렇게 되고 있는 듯합니다.

브라운 이러한 현상에 대해 잠시 고심해 볼 시간을 갖는 것이 중요하다고 봅니다. 우리는 어떤 방식으로 살고 있는가, 차는 어떻게 운전하고 있는가, 2억 6천 5백만의 다른 미국인들과 어떻게 어울려 살고 있는가? 자신이 최고인양 우쭐대는 순간 행성을 황폐화시킬 생활 방식을 정당화시키고 마는 것입니다. 그리고 우리 자신만의 민주주의나 평등의 원리를 쫓아감에 따라 일반화된다면 두말할 것도 없습니다. 아니면, 다른 관점에서 바라보면, 행성 자체가 우리의 생활 방식을 지원할 수 있도록 농노처럼 살려면 우리 미국인들에겐 더 많은 사람들, 10억에 이르는 사람들이 필요할 수도 있습니다.

솔레리 옳은 말입니다. 미국인과 유럽인, 그리고 자신들의 생활 방식에 따라 사는 특권층의 사람들은 자원을 조절해야 하고 한마디로 지구의 인구가 한계 상황에 다다르지 않도록 해야 할 것입니다. 중국이나 인도, 아프리카에서 우리가 옹호하는 이러한 과대 소비의 사이클이 만연한다면 어떤 일이 일어날까 한번 생각해 보십시오. 사건이 아주 급속도로 진전될 것이며, 천천히 진행시켜 오던 모든 것은 재앙처럼 느껴질 것입니다.

브라운 중국이나 인도, 아프리카에서 일어날 모든 일은 중산층 미국인의 존재방식을 복사하는 것이며, 과대 소비주의를 존속시키려고 안 그래도 줄어들고 있는 자원을 두고 전쟁이 벌어질 수도 있겠지요. 또 다른 난점은 중국이나 인도까지도 가세해 현재 많은 나라들이 핵무기와 대륙간 미사일을 보유하고 있다는 것입니다. 인도에서는 이런 말이 나올 수 있겠습니다. "잠깐, 우리는 일 년에 200킬로그램의 곡식으로 살아갈 수 없다. 우리는 당신네들처럼 이 양의 다섯 배로 연명하길 원한다. 우리나라에도 핵미사일이 있으니 우리에게 곡식 등을 보내는 게 좋겠다. 차후의 일은 비슈누(Vishnu) 신에게 맡기도록 하자."

솔레리 충분히 일어날 수 있는, 간단하면서도 정곡을 찌른 지적입니다. 그러나 여기서 몇 걸음 더 나아가 계획이나 건축적 측면으로 눈을 돌려 봅시다. 그 이유는 바로 인류의 모든 활동 중에 가장 광범위하며 가장 비용이 많이 들고, 무엇보다 절실하며 필요한 일은 거주지를 만드는 것이기 때문입니다. 우리 자신은 물론 가족과 사회에 안식처를 제공해야 하며 사회에 필요한 시설들을 마련해야 합니다. 따라서 정주지는 자연에 가하는 엄청난 부과물이며 자연을 크게 변형시키는 것입니다. 현재, 세상에 만들어진 가장 소비 지향적이며 가장 낭비가 만연되고 가장 오염되고 차별이 심한 주거의 형태는 교외 주택입니다. 따라서 우리는 문제에 직면해 있습니다. 즉 우리는 교외 개발을 확장하려는 생각을 선호합니다. 비록 그것이 우리 아이들의 미래를 형성하는 데 가장 유해한 방식임에도 불구하고 말이죠.

브라운 바로 그것이 또 하나의 중요한 점입니다. 미국이나 유럽에서 수십억이 넘는 사람들에게 교외 생활을 가져다주는 경제 성장의 가속화에 대한 토론을 정당화시키는 것이기도 합니다. 이러한 양상은 인간 정신이 가진 능력을 왜곡시킨 것에 지나지 않습니다.

솔레리 아주 가혹한 소리처럼 들립니다. 그러나 제가 염려하는 점은 있는 그대로 받아들여야 한다는 것입니다. 주거는 인간과 관련된 가장 당면한 활동이기 때문에 거주지를 선택하는 데 오류를 범하게 된다면 우리는 재앙 속에서 살 것입니다.

브라운 마구 확산되어 가고 있기 때문에 교외가 잘못된 것인가요? 교외 지역이 땅을 소모하기 때문인가요? 혹은 이 지역으로 인해 다른 종들이 말살되기 때문인가요? 더 많은 공간을 차지하며 먼 곳에 실려 나가 어느 순간엔 폐기되어야 할 잡동사니들로 가득찬 거주지를 만들기 때문에 잘못된 것인가요?

솔레리 제기한 이유들 모두 적용된다고 할 수 있습니다. 단독 주택을 한번 생각해 보세요. 사람들의 경제력이 향상될수록 집의 규모는 더 커지게 되고, 이 집을 채우기 위해 더 많은 것들을 구매하게 됩니다. 따라서 점점 더 큰 단위 주택을 짓는 과정에 착수하여 도시 근교 스프롤이라고 불리는 형태로 주택들은 고립되고, 주택들 각각은 자원이나 설비 시설, 오수처리와 쓰레기 처리와 같은 정화 시설과 연결망을 구축합니다.

이 집들의 상자는 소비의 본거지입니다. 따라서 우리는 행복이라고 여겨지는 소비의 사이클을 가동시키고 난 후 더 많은 것을 소비합니다. 이 말은 곧 더 많은 것을 생산해 내야 한다는 의미이고 결국 이 행성의 더 많은 것들을 인간을 만족시키기에 충분한 것, 즉 소비 가능한 것들로 변형시키게 됨을 뜻합니다. 우리 자신들을 이러한 물질만능에 몰두시킨다면 결국 우리는 사멸할 것입니다. 그 첫째 이유로 이 행성은 한계가 있다는 점이고, 두 번째 이유로 정신적, 사회적 고결함을 향한 초월성보다는 사람들이 쾌락주의에 매달림을 시사하는 것이기 때문입니다.

브라운 교외 주택이라 불리는 이 상자에서 고립된 채 즐거움을 주는 것이 정신적인 차원과도 관련된다는 점도 언급하지 않을 수 없습니다.

솔레리 물론입니다. 필요하다고 느끼는 기계장치로 주변을 치장하면 할수록, 정신적 과정은 주목되지도 않고 전혀 필요없게 되는 상황으로 점점 더 흘러가게 마련이며, 장치들을 가지고 놀면서, 결국은 전혀 만족하지 못하게 될 행위를 하면서 쾌락을 찾는 일반이 너 설실하게 요구되어 버릴 것입니다.

브라운 사람들의 충족도가 떨어지면 떨어질수록, 공허감을 채우기 위해 소비에 더더욱 매달리게 됩니다. 이러면서 우리는 거의 미칠 지경에 이르게 되며, 결국 인간의 가장 위력 있는 술수는 잡동사니들에 대한 필요성을 창출해 내는 능력이며, 두 번째로 강력한 술수는 이것을 생산해 내는 기술이겠지요. 친밀한 인간관계나 우정이 사라지면 질수록 사람들은 점점 더 비인간적이며 인공적인 필요들에 만족할 수밖에 없게 됩니다.

솔레리 바로 그것이 어떤 결과가 나올지 말해 주는 핵심적 말입니다. 물건을 구입하는 일이 권리이며 행복이라는 말을 아이들이 잠에서 깨는 순간부터 잠자리에 드는 순간까지 계속해서 듣는다면 아이는 이러한 잘못된 주의를 크게 신봉하고 맙니다. 따라서 시장의 순환고리에 잘 맞물려 살지 않으면 좋은 미국인이 아니라는 생각 자체를 포기해야 합니다. 정치가들이 이 생각을 주입시키고 있고, 협동조합에서 이 생각을 강조하고, 신학자들은 이 생각을 설파하고, 대학에서도 이 생각을 전파시킵니다. 결국 우리는 엄청나게 위험한 일종의 유토피아적 망상에 사로잡혀 버리고 맙니다.

브라운 방금 말씀은 아주 흥미롭습니다. 종교의 경우도 마찬가지입니다. 토마스 아퀴나스가 500년 전에 설파한 이후로 기독교는 나눔의 온당함을 규정했지만, 현재 그것은 그때와는 전혀 다른 세계에 적용되고 있는 셈이다. 우리는 이런 놀이감들, 저런 기계들, 잡동사니들과 같은 모든 물질적 요구들로 에워싸여 있습니다. 만일 이것들이 균형 있게 구분되어 주변에 늘어서지 않는다면, 도덕적으로 그릇됨에 빠질 것입니다. 그래서인지 신학자들은 필요하지도 않은 물건들을 균등하게 배분하라고 주장하며, 일단 그 뜻을 이루고 나면, 이 주장은 인간의 공동체와 종교를 망치게 될 것입니다.

솔레리 쇼핑센터가 우리에게 보여 주는 것이 무엇인지에 대해 잠시 생각해 보면, 그 표면적 인상 너머를 꿰뚫어 보려고 시도한 후, 쇼핑센터를 믿기지 않는 환상의 장소로 인식할 인도인이나 중국인들이 그 양상에 대해 어떻게 반응할지를 고려해 본다면, 우리의 마음이 배회할 곳은 도대체 어디인지에 대해 의아해질 것입니다.

브라운 어린시절이 기억납니다. 저는 1938년에 태어났습니다. 처음으로 샌프란시스코 시내의 백화점에 간 때가 아마 예닐곱이었을 겁니다. 그때는 크리스마스 시즌이었고 그 큰 상점의 꼭대기 층은 장난감 코너였습니다. 저는 너무나 흥분에 사로잡혔습니다. 그곳에 어떤 정신으로 달려 들어갔는지조차 형언할 수 없었다는 말입니다. 그러나 그곳은 크리스마스 기간의 장난감 세계였을 뿐입니다. 지금은 매일매일이 크리스마스인 것 같습니다.

솔레리 그럴지도 모르지요. 예외적인 것은 흥분을 자아냅니다. 그러나 지금 그것은 거의 지루해지고 있습니다. 생계를 꾸려나가기도 힘든 엄마와 어린 꼬마가 같이 있습니다. 아이는 백화점이나 쇼핑센터로 달려가 이것저것을 사달라고 엄마에게 조르고 엄마는 아이를 달래며 말합니다. "그래, 네가 원하는 것은 뭐든지 해줄 수 있도록 엄마는 최선을 다하련다." 만일 엄마가 아이를 만족시키지 못한다면, 아이는 아메리칸 드림에서 별 가치를 두지 않는 한 단계 낮은 계층에 속하게 될 것입니다.

브라운 아주 오래 전부터 당신은 이러한 양상과 맞서 싸워 오지 않으셨나요?

솔레리 저는 일흔 여섯의 노인이지만 인구 폭증 현상이 일어나고 물질적 충족감에 연연하고 그 한계가 정해져 버린 미래, 어쩌면 끔찍할 정도로 무서운 미래를 예상하는 데 걸린 시일은 불과 몇 십 년 안 됩니다.

브라운 이러한 부분은 어두운 일면입니다. 다른 일면은 없을까요? 이러한 나락에 빠지지 않고 다른 기반을 토대로 사건이 진전된다면 도시는 어떤 모습을 가지게 될까요? 현재의 우리를 있게 만든 것은 인간의 진보이지만, 인간 정신을 창조하려는 목적은 이러한 덫에 걸려들어서는 안 됩니다. 신이 우리에게 이런 종류의 마법을 거리라고 생각하진 않습니다.

솔레리 우리는 다른 방향의 충족감을 보여 줄 미래 역사를 기술할 수 있으며, 이것은 바로 도시의 역사일 것입니다. 도시의 수는 엄청나게 많아질 것이며, 그 수가 많아지면서 우리는 그렇지 않게 된다면 비용이 많이 들 물자들을(그 이전에는 고가였던 물자들을) 구할 수 있을 것입니다. 이와 동시에 도시는 좀 더 검소한 환경을 나타낼 것입니다. 주택의 경우를 다시 한번 생각해 봅시다. 교외의 대저택을 소유하는 것보다 저는 소규모의 도시형 단위 주거를 원합니다. 그리고 대저택을 채울 만큼 많은 물건들로 이 단위주택을 채울 수는 없을 것입니다.

따라서 소유를 통해 미덕과 가치의 척도가 결정되지 않는다는 점을 인식할 수 있는 방향으로 우리의 사고방식을 정할 수 있을지 예상해야 합니다.

브라운 1960년에 처음으로 일본에 갔던 기억이 납니다. 제가 묵은 방은 둘둘 말린 이부자리만 있었고 아주 작았습니다. 바로 그 방안에서 먹고 책을 읽고 잠을 잤으며 할 수 있는 일은 다 했습니다. 현재 일본인들이 무언가 잘못하고 있음을 우리는 그들에게 지적해 주고 있습니다. 그들은 주거에 정말 필요한 것들을 창출하지 않고 잡동사니들만 수출하고 있습니다. 실제로 미국과 일본 사이의 무역 회담에서 제기된 주장에 따르면, 일본인들이 충분히 소비하지 않고 있어 세계 무역에 해를 입히고 있다고 합니다. 그러니 당신이 미덕으로 묘사한 것이 곧바로 서양의 경제 체제에서는 악덕으로 규정되는 것입니다.

솔레리 그런 생각은 경제에 대한 이상주의적 사고를 보여 줍니다. 이 행성의 여러 한계들 때문에 이런 사고는 최후 심판의 날을 기저을 수 있습니다. 과거에는 즐거움으로 권장될 만한 것들이 지금은 수많은 사람들의 이러한 경쟁과, 절박하다고 여겨지지만 이 행성이 도저히 버텨내지 못할 소비로 인해 실질적인 위협이 되고 있습니다. 그 위에 겹쳐 있는 것들은 인간이라는 종의 가치와 미덕이며 사실상 이것들이 물질만능주의나 향락주의보다 더 심오한 부분일지 모릅니다.

브라운 인류가 지금까지 걸어 왔던 그 길을 거꾸로 다시 밟아 내려 갈 수 없다면, 뭔가 다른 비전과 다른 존재방식으로 우리의 구조물들을 지어야만 합니다. 우리가 필요로 하는 것이 우리를 파괴하는 것으로 되어서는 안 됩니다.

솔레리 이 다른 존재 방식은 내면화, 즉 현실을 좀 더 내적인 현실로 만드는 것이라고 생각합니다. 그곳에서는 사고들이 우리의 내면을 통해 정화되고 아주 만족스러운 상태에 접어들 것입니다. 저는 이러한 생각을 좀 더 계획과 관련된 어휘에 적용시킬 것입니다.

박테리아에서 인간에 이르는 그 어떤 차원으로도 삶의 장에 서게 되면 우리는 물질을 내면화하여 그것을 삶으로 전환시켜 종국에는 의식으로 바꾼 다음 초의식으로 승화시키는 과정에 접어들게 마련입니다. 이러한 과정은 생물학적 시스템이 그 고유의 내적인 동기로 인해 귀결되는 양상입니다. 반면에 모든 기술적 시스템은 외적인 자극에 의해 규제되고 통제될 뿐입니다.

브라운 결국 삶은 특정한 어떤 방향으로 이끌어주는 모종의 내적 원리를 가지고 있지만 기술은 외적인 목적이나 계획에 따라 이끌려 간다는 말이군요.

솔레리 당신 말이 맞습니다. 삶은 내적인 동기에 의해 조율되는데 그것을 유전적이며 본능적인 지식이라고 불러도 좋겠습니다. 인간의 정신이 출현한 이래로 삶은 문화적 차원도 가지게 되었습니다. 즉 이 내적 동기화 과정은 개별 인간의 시스템 내에서 발견되는 생물학적 양상은 물론 인간 공동체에 의한 문화적 양상에 의해서도 유도되기 때문입니다. 그렇지만 삶은 유기체 내의 결정된 인자로부터 항상 정신적 차원에서 유래됩니다. 즉 외부로부터 비롯되는 것이 아니란 의미입니다.

브라운 우리를 이끌어주는 것이 우리 안에서 비롯된다면, 그 안이 비어 있는 것은 우리의 존재방식을 결정해 줄만한 것이 아니겠네요.

솔레리 완전히 텅 비어 있는 것은 우리를 둘러싼 현실입니다. 따라서 우리는 그것을 무시할 수 없습니다. 오히려 그것의 방향을 우리 스스로가 잡아 줄 수 있어야 합니다. 최상의 인도 방법은 "나는 내 만족감을 얻기 위해 더 많은 물질을 삼켜버릴 거야".라는 종류의 말을 하지 않는 것입니다. 우리는 현재 우리의 내적 동기의 차원에서 더 많은 충족감을 얻을 수 있는 방향, 즉 우리 내면에서 발산되는 가치들을 향해 도약할 수 있도록 독려하는 방식으로 외적 세계를 변화시켜야 할 책임을 기립니다.

브라운 도시 근교 지역에서 팽창하는 물질만능주의가 마치 기독교라 불리는 새로운 내면적 종교로 인해 무너진 고대의 이교 사상과도 흡사할 지경입니다. 그러나 현대판 이교 사상은 너무나 만연되어 종교 집단마저도 그것에 포획되어 버렸고 그들이 극복하고자 선서한 물질주의를 기꺼이 받아들이고 있는 실정입니다.

솔레리 당신의 지적처럼 현재 우리는 정말 재앙을 가져올 무기들로 무장하고 있기 때문에 문제는 좀 더 심각해져 가고 있습니다. 의지를 행사하려는 우리의 권력은 점점 더 커져가고 있고, 전에는 독재자가 사회에 가한 무력의 일종이었던 이것이 지금은 모든 사람들에게 스며들었습니다. 어느 면에서 볼 때 우리 모두는 독재자이며 권리라는 것에는 항상 의무와 책임이 함께 한다는 점을 무시한 채 그냥 느낌에 권리라고 생각되는 것을 행사하길 원할 뿐입니다. 따라서 우리는 자유로운 존재이며 우리를 즐겁게 하는 것들을 행하고 독재자가 가진 특권을 다수에게 옮겨놓을 수 있는 상황들을 만들어 놓고선 "나는 생명의 씨앗을 받아 이 세상에 태어났고 내가 하고 싶은 대로 할 것이다. 더 이상 할말 없음."이라고 외쳐대기만 합니다.

브라운 현대판 이교정신, 오늘날의 물질주의를 옹호하는 사람들이 자신에게 반대하는 이들을 로마인들이 콜로세움에서 기독교도들에게 한 것만큼 무자비하게 다룰 것이라 생각하십니까?

솔레리 사건이 아주 긴박하게 흘러가고 선택의 여지가 거의 고갈되어 버릴 때, 우리 안에 숨어 있는 폭력이 폭파되듯 분출될 수 있습니다. 저는 현실의 미덕이나 우주의 자비를 믿지 않습니다. 고난과 잔혹함, 고통이 더 흥미로운 것이며 언제든 전면에 나타날 것이라는 생각을 중심으로 내 사고를 펴려 합니다. 바로 이 때문에 저는 미래가 아주 황폐해질 것이라고 생각합니다. 일단 자원이 고갈되고, 우리의 정신적, 도덕적 자산들이 점점 더 침체된다면, 바로 그때 무시무시한 일들이 벌어질 것입니다.

브라운 최근에 저는 『원자폭탄 사용에 대한 결정(The Decision of Use the Atomic Bomb)』의 저자인 갈 알페로비츠(Gar Alperovitz)와 대화를 나눈 적이 있습니다. 만일 민주주의 국가들이 무분별하게도 폭탄을 떨어뜨리고 50년이 채 안 되어 비인간적인 행동 자체를 인식하지 못하게 된다면, 이른바 나쁜 사람들, 독재자들은 무슨 일을 하려들까요?

솔레리 우리가 어디서부터 유래되었는지 이해하려고 노력하는 것이 도움이 될 듯합니다. 당신 자신의 경험에 비추어서가 아니라 인간 전체의 경험에 비추어서 생각해 보라는 말입니다. 삶에 대한 욕구를 채우며 우리 인간은 35억 년이라는 시간의 층에서 비롯되었지만, 지금까지의 이 충족 방식은 기회주의와 흡사합니다. 모든 종들은 생존하거나 번성할 수 있도록 일을 하고, 그것을 이루기 위해 삶의 의욕은 일을 하는 데 가장 적절한 방식을 찾는 것입니다. 한 개체와 종이라는 차원에서 이러한 양상은 항상 기회주의의 문제로 이해되어 왔습니다.

우리는 개체와 종에서부터 개인적 차원으로 이 기회주의의 일부분을 전가시켰습니다. 뼈와 피 위에 첨가될 무언가를 우리는 창조해 냈습니다. 영광스러운 발견이 아닐 수 없습니다. 그것은 바로 사랑과 자비, 관용 등입니다. 따라서 우리는 인간이라는 종을 성장시킨 기회주의적 의욕과 자기중심적 모드와 사랑하기, 관용을 베풀기, 동정심을 발휘하기와 같은 새로운 창조물을 서로 결합하려고 노력해야 합니다. 자본주의가 잉태될 수 있었던 계기였을 사회적 진화론(social Darwinism)에 절실하게 요구되는 동정심이 첨가될 필요가 있습니다. 그러나 만일 우리가 이 일에 실패한다면, 끔찍한 문제들에 직면할까 염려됩니다.

브라운 바로 거기에 문제가 있습니다. 즉 자본주의 체제와 기업들은 인간의 기회 의식과 열정을 무시한 채 '투자 가치'의 한 변수 정도로 하락시켜 버리고 있습니다.

솔레리 아마 이 부분에서 보면 당신보다 제가 더 낙관적인 것 같습니다. "가장 지능적이며 가장 교묘하며 가장 능력있기 때문에 나는 지배할 것이다."라고 말하는 근원적인 의욕에 덧붙여져야 할 차원, 즉 사랑이라는 차원이 절실하게 필요함을 우리가 지금 깨닫기 시작하고 있다고 믿습니다. 우리가 지닌 탐욕은 인간 본연의 특성이며 우리를 형성하는 일부분임을 인정해야만 합니다. 바로 우리는 이 기회주의적 의욕을 애초부터 지녔기 때문입니다. 그러나 우리는 우리의 탐욕을 다른 방향으로 순화시켜 한 사람의 가정, 혹은 삶을 이루는 모든 가정과 관련성을 가지는 열망으로 전환시키고 있습니다.

브라운 탐욕은 집단 안에서 행사되어야 하고 공동의 차원에서 순화되어야 합니다.

솔레리 맞습니다. 우리는 개인주의를 벗어나야 합니다. 삶은 무엇인가를 초월해 내는 과정입니다. 바로 이 과정 덕분에 우리는 박테리아에서 인간으로 진화된 것입니다.

브라운 지금부터는 미래 도시에 대해 이야기해 보죠. 지금까지 대화를 나누면서 저는 새로운 도시에 필요한 규준들이 무엇인지 감을 잡았습니다. 오클랜드나 맨하튼, 로스앤젤레스와는 분명히 다른 모습일 것입니다.

솔레리 어쩌면 미래 도시는 과거의 성공적인 도시들하고 그렇게 다르지는 않을 것입니다. 예를 들어, 도시들이 잘 지어졌던 때가 유럽 역사에 있었습니다. 그 시기는 바로 우리에게 르네상스라는 이름으로 남았고 르네상스로부터 지금까지 발전을 거듭해 오고 있습니다. 우리 인간은 집단적이며 정치적이고 서로를 필요로 하는 존재라는 점을 통해, 도시라는 것도 결국 과거에 그랬던 것처럼 공동체의 담지체가 될 것임을 알 수 있습니다.

애리조나의 피닉스는 1,554평방킬로미터에 달하는 구조물입니다. 이처럼 거대하고 또한 다른 많은 도시들처럼 모습 자체는 그리 아름답지 않습니다. 너무 규모가 크기 때문에 필요에 따라 그때그때 작업이 이루어집니다. 이것은 어마어마한 병참 시스템에 따라 진행됩니다. 사실 시스템이라고 할 것도 없습니다. 따라서 물리적 차원, 즉 중력과 열학적 측면에서 본다면, 피닉스는 그것이 갖추길 원하는 생생함, 강렬함, 활력 등을 부정하는 듯합니다. 우리가 필요로 하는 것은 피닉스를 그대로 옮겨 겹겹이 층이 지도록 접은 다음 3차원으로 만들어 그곳의 경관을 축소판으로 옮겨 놓고 이를 통해 우리는 거대함에서 나오는 모든 문제를 제거할 수 있습니다. 이것은 순수한 물리학적 차원이지 형이상학과는 무관합니다. 시간과 공간이 무엇보다 값진 것이며 우리는 할 수 있는 한 최선을 다해 그것들을 이용해야만 한다는 사실과 직결되는 것이기도 합니다.

브라운 무슨 말인지 알겠습니다. 피닉스를 접어 3차원 도시로 만든다면, 어떤 모습을 가지게 될까요?

솔레리 글쎄요. 어쩌면 우리는 피닉스를 열 개의 구역으로 나눈 다음 1, 2층 정도가 아니라 이보다 훨씬 더 많고 많은 층수로, 가령 50층이나 그 이상에 달하는 규모의 시설을 지으려 합니다. 이 방식은 아주 효율적일 것입니다. 이곳은 공해도 줄이고 쓰레기도 줄일 수 있는 검약함이 배어 있는 곳이 될 것입니다. 인구 분포에 따라 구획된 각 구역은 0.65평방킬로미터에 달할 것이며, 각 구획에 투입되길 원하는 기술이나 인력에 따라 차별화될 것입니다.

브라운 사람들이 원하는 모든 것이 그 건물 안에서 해결될 수 있습니까?

솔레리 만일 당신이 엄청난 효율성을 얻고자 한다면 그렇다고 말하고 싶습니다. 그러나 우리는 이런 종류의 건축을 아직 경험해 본 적이 없습니다. 바로 이 때문에 우리는 그런 건축이 의미하는 바를 연구하고 병참(logistics), 교통, 필수적인 기능들을 유도해 내기 위해 연구소를 필요로 합니다. 이 방법은 거대한 규모와 그에 따른 많은 폐기물 문제를 해결할 방안들이 될 것입니다.

브라운 그렇게 되면, 도시는 자원을 절감하고 폐기물의 양도 줄일 수 있겠네요.

솔레리 그렇습니다. 주민들은 도시인이 될 수도 있고 시골 사람도 될 수 있습니다. 왜냐하면 남녀 누구나 집에서 걸어 나와 도시의 중심부로 갈 수도 있고 자연의 풍경 속으로도 갈 수 있기 때문입니다. 현재 개발되고 있는 도시들에서는 불가능한 일입니다. 현관 계단 한 쪽으론 문화가 존재하고 다른 한 방향으론 자연, 즉 그 지역의 상황에 맞는 자연이 있을 것입니다.

브라운 그렇군요. 공부도 할 수 있고 잠을 자고 친교도 맺고 일하고 생산하고 배우고 놀이를 하고 축하 파티를 하고 의식들을 행할 수도 있겠네요. 지금보다 사람들 사이의 관계가 훨씬 더 두터워질 것 같은 느낌입니다.

솔레리 이 대목에서 지는 유럽의 경험을 떠올리게 됩니다. 예를 들어, 저는 이탈리아에서 개인적 차원의 경험들을 맛보았습니다. 보통 아파트라고 불려지는 그런 집에서 살았고 우리 집안이 그리 부유하지 않았기에 최상의 아파트는 아니었습니다. 그러나 우리 집의 거실은 하나의 도시였습니다. 저는 마치 4층이나 5층을 내려가 도시 한가운데 있는 듯했습니다. 그곳에서 도시가 제공해 주는 모든 즐거움을 제공받을 수 있었고, 극장과 도서관, 대학, 병원, 운동장에서 얻는 경험도 맛볼 수 있었습니다. 그리고 그 기분은 산보자의 그것이었지 자동차라는 마법의 기계 안에 들어가 멀리 있는 곳 여기저기를 향해 달려대는 사람이 느끼는 무엇이 아니었습니다.

브라운 그것이 꿀벌통 같다는 관점에 대해 어떻게 생각하십니까? 어떻게 하면 도시가 단조롭지 않으면서도 정연하게 만들어질 수 있을까요?

솔레리 계획자나 여러 계획자들의 노련한 솜씨, 직관, 비전을 통해 가능하리라 봅니다. 바로 이 때문에 우리는 도시 연구소들을 필요로 합니다. 우리는 화학과 물리학, 기술 전문의 연구소들을 가지고 있습니다. 연구소란 실험을 진행시키는 곳이니, 한계점까지 시도 가능한 실험을 할 수 있고, 실험상의 실패를 통해 문제가 되었던 주제에 대해 뭔가 알아낼 수 있습니다. 이제 우리는 가장 복잡하고도 절실하게 필요한 도시의 제반 문제들을 가지고 이와 같은 실험을 해야 합니다.

브라운 만일 인간의 숫자가 100억에 달하고 50개의 행성을 필요로 하게 될 때, 적당한 도시계획을 통해 당신이 앞서 지적한 방식대로 무언가를 초월하는 자세를 가질 수 있는 방향으로 인류가 진화할 수 있다고 느끼세요?

솔레리 당신은 제게 모든 면에서 박식하고 두루 두루 현명할 것을 요구하고 있지만 저는 사실 그렇지 않습니다. 그럼에도, 그렇다고 믿습니다. 왜냐하면 미래 도시는 겸손한 상태에 이를 것이며, 이 겸손함이야말로 궁극적인 내면화의 모습이라고 할 수 있습니다. 겸손해진다는 것은 이론이나 미학이 부재된 채 행복만을 찾는다는 의미는 아닙니다. 당신이 겸손해질 때 당신은 부인하지 못하게 됩니다. 인간이라는 동물에게 근원적으로 주어진 내적인 가치에 눈을 돌려야 합니다. 따라서 겸손해진다는 것은 그것이 유용하기 때문만은 아닙니다. 그 필요성은 거의 자동적으로 하나의 미덕이 되어 버립니다.

브라운 파울로 선생님. 당신의 오메가 시드(Omega Seed) 개념에 대해 잠시 이야기를 듣고 싶습니다.

솔레리 그 말의 의미에서부터 시작해 보는 것이 좋을 것 같네요. 왜 오메가일까요? 오메가는 그리스 알파벳 중 마지막 문자이기에 일종의 결어, 즉 우리가 발전시켜 나가려는 궁극적 상황을 지시하는 말입니다. 많은 신학자들도 귀결에 대해 논하는데, 이 오메가의 의미는 그들이 거론하는 차원과 유사합니다. 바로 이 때문에 오메가라는 용어를 선택했습니다. 그렇다면 씨앗(seed)의 의미는요. 인간 씨앗을 포함한 모든 종류의 씨앗들은 그 내적인 발전 방향을 통해 유기체들이 어떤 상태로 될 것인지를 일러주는 청사진 같은 것입니다.

이제 우주의 범위까지 함축하고 있는 씨앗이 있다고 상상해 보면, 그것을 우주의 씨앗, 즉 현실에 대한 모든 정보를 담고 있는 우주적 실체라 부를 수도 있겠습니다. 이 씨앗은 제일 처음부터 마지막까지 존재되기(becoming)의 과정에서 일어나는 모든 정보를 담지하게 됩니다. 이 생각에 형이상학적 차원은 거의 없습니다. 다만 정보는 지식을 산출하고, 지식은 결국 자아에 대한 지식이라는 사고만 있을 뿐입니다. 처음부터 끝까지 현실이 점점 더 그 본연의 모습을 드러낸 상태에서 오메가 씨앗은 사물의 귀결점과 자기 발견을 지시하는 것이라는 이야기입니다.

애초부터, 그러니까 대폭발 때부터 신에 의한 말씀의 법칙과 창조적 행위 따위는 있지도 않았고 존재와 비존재 사이의 선택만이 있었다고 저는 요즘 믿는 편입니다. 존재가 출현하는 우연한 일이 일어났을 뿐이며, 존재가 출현하자마자 변화의 행보에 접어들게 된 것입니다. 따라서 존재(being)에서 존재되기(becoming)로의 이행, 사건들이 현실로 화하는 진화만이 있었습니다. 애초부터 이 존재되기는 존재의 본성에 자연스레 조응하는 법칙들을 가지고 있었습니다. 이것이 바로 우리가 자연법이라고 칭하는 바로 그것입니다.

삶이라는 것이 일단 출현하자 새로운 실체, 새로운 매개자도 등장했습니다. 우리는 더 높은 수준의 현실인 새로운 층의 현실을 보완했습니다. 그것은 사랑의 층입니다. 여기 동물들이 있습니다. 그들은 지능적이고 기회주의적입니다. 그리고 여기 인간이 있습니다. 인간 역시 지능적이고 기회주의적입니다. 그들은 마음을 쓰는 존재입니다. 이 말의 의미는 창조를 통해서 발전시킨 새로운 법칙이 있는 바로 그곳, 의식과 초의식의 영역으로 우리가 접어들었다는 것이지요. 우리는 새로운 수준의 현실을 접목시키고, 기회가 더 이상 충분하지 않을 것이라는 점은 극히 자명해질 것입니다. 우리는 기회 자체를 넘어설 수 있는 무언가를 필요로 합니다. 그것을 동정심이라 부를 수 있겠고, 사랑, 관대함, 이타주의로 칭할 수 있겠습니다. 이것을 통해서만 인간은 동물들과 그 동물의 왕국과 차별화될 것입니다.

브라운 그러면 사랑과 동정심이 인류가 유도해내 존재하게 만들어야 할 차세대의 근원적인 진화하는 구조물인가요?

솔레리 그것은 현재 존재하고 있지만 파편적일 뿐이며 미약하고 허물어지기 쉽습니다. 왜냐하면 우리는 여전히 낙관적인 참조체에 의해 영향을 받고, 자연히 물리적인 것과 결정론적인 것에 의존하게 되기 때문입니다. 우리는 영구한 발전을 거듭하며 나타난 존재이기에 우리 안에는 아주 강력한 힘들이 있고, 그 중 가장 강력한 것은 기회의식입니다.

브라운 우리가 진화하여 도달할 곳이 사랑이라면 그 말은 잘 믿기지 않습니다. 사랑과 우정이 정주지 설계를 통해 진전될 수 있다고 생각하십니까?

솔레리 물론입니다. 그러나 단 한 주에 0의 상태에서 100의 상태에 이를 수는 없는 일입니다. 우리는 0, 1, 2, 3 등의 상태에서 시작합니다. 지금부터 백년이 지난 후에 우리는 지금과 같은 방식으로 존재하지는 않을 것입니다. 아주 달라질 것이기에 우리는 지금까지 세워 온 거대한 시스템을 제거해야 할 중요성을 깨닫기 시작해야만 합니다. 의약과 같은 다른 분야에서 하는 것처럼 도시 문제에 대한 실험적인 작업에 투자해야 합니다. 약의 효력을 실제화하기 위해 우리 자신을 기니

피그처럼 이용하듯이 도시적 상황에서도 이와 동일한 일이 이루어져야 합니다.

    이러한 지점에 도달하기 위해서는 사태가 지금처럼 계속된다면 성공할 길은 없다는 점을 정치가들과 권력을 가진 자들에게 설득시켜 줄 필요가 있습니다. 정치가들의 각성보다 더 중요한 것은 우리 자신들이 이러한 이념을 마음속에 품고 그것을 깊이 새기고 나누는 데 있습니다. 그리고 이제 우리가 이해하기 시작한 것처럼, 그 이념은 우리 자신의 나라 혹은 모든 나라가 가야 할 철학적 기반의 일부분이 될 수 있을 것입니다.

의식의 건축

이 대담은 원래 『미국 교회건축학회지(Journal of the American Society of Church Architecture)』지 1973년 겨울 판에 실렸다. 이 대담에서 솔레리는 오랜 작업을 통해 일관되게 지켜 왔던 주제는 물론 지난 30여 년 동안 예리하면서도 치밀하게 다듬어 오던 아이디어들, 특히 정신성과 관련된 아이디어들에 대해 논했다.

파울로 솔레리는 이탈리아의 토리노에서 1919년에 태어났으며 중간 키에 강인한 사람이다. 건축학박사 학위로 공부를 마친 그는 1947년 프랭크 로이드 라이트의 도제생으로 미국에 왔다. 라이트와 보낸 기간은 얼마 되지 않았으며, 그는 곧 라이트의 겨울 캠프 근처인 애리조나 스콧데일에 정착했다. 그곳에서 솔레리는 도기와 청동제 종을 만들면서 혼자 힘으로 자신의 땅에 직접 사업을 벌였다. 그는 그곳을 코산티라고 불렀다.

코산티에 거주한 이래로 몇 년 안에 솔레리는 피에르 테이야르

아르코산티 건설 현장

드 샤르댕의 작품과 사상에서 발견된 몇몇 주장에 근거한 건축과 도시 설계의 철학을 발전시켜 나갔다. 그는 프랑스 출신의 인류학자이며 고생물학자인 예수회 수사였으며 독특한 이념과 그것을 표현하는 용어를 만들어냈다. 솔레리가 지닌 신념의 요지는 다음과 같다. 즉 (어떤 식으로라도 진리가 있다고 가정한다면) 진정한 진리는 자기 성찰이다. 모든 것은 그 고유한 파괴의 씨앗을 함유하고 있다. 혹은 솔레리가 지적한 대로 좀 더 구체적으로 말하면, "이 행성에서 성장하고 있는 유기체의 구조와 본성에는 내재적인 논리가 있다. 이 구조와 본성에 거슬리는 그 어떤 건축, 도시 설계, 사회 규범도 자멸에 처하게 될 것이며, 우리 자신도 파괴될 것이다. 유기적 원리에 기초한 모든 건축과 도시 설계만이 정당하며 그 정당성을 증명해 보일 것이다."

솔레리 박사의 주 관심사는 도시계획이었으며, 최근에 지어진 그의 도시 아르코산티가 피닉스 북쪽으로 약 110킬로미터 떨어진 해발 1,127미터의 고원 위에 세워지기 시작했다. 솔레리와 그의 학생들은 실제로 공사를 진행 중이다. 자신의 도시에 관해 솔레리는 다음과 같이 지적한다. "노시민의 관심은 도시의 수액과도 같다. 그러니 사람들은 자신들이 사랑하는 것에만 주의를 기울인다. 사랑스러운 사람이 아무렇게나 만들어지는 것이 아닌 것처럼, 사랑스러운 도시도 우연히 얻어지지 않는다." 사랑이라는 것이 뉴욕시 도시계획위원회가 올해 내놓은 규준보다 계획에서 더 온당하고 더 실용적인 기반이 아니라고 말할 사람이 누가 있겠는가?

의식의 건축

미국 교회건축학회지(이하 학회지) 파울로 씨, 당신이 만든 시설에 그저 감탄할 뿐입니다. 아주 훌륭합니다. 당신은 분명히 멋진 시간들을 보냈으리라 생각합니다.

솔레리 그런 편입니다.

학회지 그것은 상당히 복잡합니다. 마치 수많은 날줄로 짜여져 있는 듯합니다. 이 나라에 오게 된 계기는 무엇인가요?

솔레리 프랭크 로이드 라이트 때문에 왔습니다.

학회지 그와 일하면서 어떤 일들이 있었는지, 그 당시를 얼마나 좋아했는지 등에 대해 말씀해 주세요.

솔레리 아주 좋은 경험이었으며, 무척 도움이 된 일이었습니다. 저는 라이트와 18개월 동안 같이 지냈습니다.

학회지 당신이 작업에 참여한 프랭크 로이드 라이트의 건물은 무엇입니까?

솔레리 작업에 직접 참여하지는 않았습니다. 그의 설계실에서 일해 본 적은 없습니다. 그렇게 할 수도 없었을 것입니다. 저는 누구 밑에서 일하는 것을 항상 힘들어하는 편입니다. 저는 공사 팀들과 잠시 같이 일했고 정원을 만드는 일까지만 하고 손을 뗐습니다. 정원 가꾸는 일이 저의 주 임무였습니다. 주방일도 했는데, 경비를 지불할 수 없었기 때문에 일을 해야만 했습니다. 절반 가량의 시간을 주방에서 보낸 셈입니다.

학회지 건축적 사고를 진척시킬 수 있는 경험은 크게 없었다는 말 같습니다.

솔레리 그렇지 않아요. 충분히 그런 경험을 했습니다. 무엇보다 제가 그러한 환경 속에 있었기 때문입니다. 당신도 알다시피 그러한 건물들이 내 주위에 있었고, 그 건물들을 사용했으니 말입니다. 애리조나에서나 위스콘신에서나 저는 그러한 곳에 있었던 셈입니다.

학회지 프랭크 로이드 라이트의 공동체는 20세기에 미국에서 최초로 만들어진 것입니다. 라이트는 자신의 공공 이념을 어디까지 끌고 나갔습니까?

솔레리 많은 방식에서 현재 제가 수긍할 수 있는 정도보다 훨씬 더 멀리 나아갔습니다. 하지만 제가 그곳에 있을 때는 그렇게 느껴지지 않았는데, 왜냐하면 그곳에 있을 때 서는 모든 것을 있는 그대로 받아들였기 때문입니다.

학회지 라이트의 시설을 떠나게 된 계기는 무엇이었습니까?

솔레리 제가 문제를 일으켰습니다. 솔직히 떠나기를 종용받은 셈이죠.

학회지 라이트 집단은 꽤 독재적으로 알려져 있습니다. 실제로는 더 심했습니까?

솔레리 그렇다고 할 수 있습니다. 하지만 (적어도 그들이 내세운 바에 따르면) 그들은 사명을 가졌음을 느꼈으며, 그것을 고수하길 원했습니다. 현재 그 '사명'이란 것을 얼마나 신봉하고 있는지는 모르겠습니다. 오랫동안 그들과 접촉하지 않았기 때문입니다.

학회지 독재적인 기운이 아직도 그곳에 만연해 있는 듯합니다. 아르코산티에서 지난밤에 열린 축제에 참가한 당신의 집단과는 많이 다른 듯합니다.

솔레리 맞는 말입니다. 그 생각에 동의합니다. 그러나 그 차이가 그렇게 확실하지는 않습니다.

학회지 좀 더 구체적으로 말씀해 주세요.

솔레리 사실 우리는 지금 문명화되려고 노력합니다. 당신이 어제 봤듯이, 우리는 아직 그 완성도에 도달하지 못했습니다. 전통적인 방식들을 사용하고 일을 우격다짐으로 하지 말고 섬세하게 하는 것이 중요합니다. 좀 더 예리한 통찰력을 발휘된다면 자신을 길들이는 일은 훨씬 더 즐거움을 줄 것입니다.

학회지 어제 행사를 당신은 어느 정도 원시적 축제처럼 느낀 듯합니다. 저 역시 그랬습니다. 아주 아름다운 광경이었어요.

솔레리 우리가 아직 건물이 들어설 대지 위에서 살고 있기 때문에 원시적인 느낌이었을 것입니다. "문명화된 방식으로 일을 하면서" 생기는 현학적 자세를 거부하기 위한 젊은이들의 노력이 맺은 결실이 당신이 어제 본 것이라 할 수 있습니다. 우리는 문명의 데카당스와 야만화의 조야함 사이에서 균형을 잡고자 합니다.

학회지 그 점에 대해 좀 더 이야기를 해주시겠어요?

솔레리 우리가 짓고 있는 도시인 아르코산티는 자칫 현학적인 태도를 가지게 하고, 또 그 태도 자체를 요구하는 것입니다. 둘러앉아 대화를 나누는 것보다 짓는 것에 초점을 맞추는 이유 중의 하나가 바로 이 점입니다. 지난 과거 자체와 그 속에 유효한 것들이 많다는 점을 젊은 사람들에게 상기시키기 위해서이기도 합니다. 과거가 전부 오류 투성이고 거짓되고 부정적인 것은 아닙니다. 오히려 과거는 고매한 지혜와 삶을 향한 존중, 일상에 적응하는 능력이 축적되어 있는 곳입니다.

학회지 라이트와 함께 보낸 후 이 점을 깨달았기에 당신이 애리조나에 정착하지 않았나 싶습니다. 그곳은 아름답고도 눈부시기 그지없는 전원이기에 운 좋은 선택이 아닐 수 없습니다.

솔레리 아주 아름다우면서도 어느 면에서 보면 대단히 조각적이라고 생각됩니다.

의식의 건축 115

학회지 조각에 대한 언급이라면……, 이곳에 왔을 때 조각에 관심을 두고 있었습니까?

솔레리 사실 그렇지는 않았습니다. 이른바 예술학교라는 곳을 다닌 적이 있으니 디자인이나 조형 등에 대한 훈련을 약간 받긴 했습니다. 그러나 조각의 경우는 잘 모르겠습니다. 이따금씩 조각 '작업'을 하긴 했지만 조각가라고 불릴 만큼 그것에 전념하지는 않았습니다. 오히려 제 관심사는 사용 가능한 공간을 만들고 그 자체가 조각이 될 수 있는 건물을 짓는 일입니다. 도시가 가장 규모가 큰 이러한 건물의 일종으로 여겨졌습니다.

학회지 당신은 종(어느 정도 조각의 면모가 있는)을 목적에 이르는 방편으로 삼은 걸로 알고 있습니다.

솔레리 아닙니다. 단순한 수단 이상의 무언가가 있었습니다. 저는 손을 이용하는 일이 좋아요. 어떤 종류의 솜씨든지 상관없이, 신체를 통한 기술을 사용하는 것이 좋다고 봅니다. 그러니 종을 만든 일은 목적에 이르는 수단 그 이상이었습니다. 그 일은 감각을 개발하는 길이기도 하지만, 수입원의 하나이기도 했습니다.

학회지 종을 충분히 팔았나요?

솔레리 원하는 만큼 넉넉한 생활을 할 정도로 팔긴 했습니다.

학회지 테이야르에 대해 잠시 이야기해 봅시다. 당신이 강조하는 용어, 비전, 사회적 전망, 진화론적인 주제의 발견은 드 샤르댕의 사상과 관련되어 보입니다. 그를 만난 적이 있습니까?

솔레리 전혀 없습니다. 그가 사망할 당시에도 그의 존재에 대해 들어본 적조차 없었습니다. 하지만 그에 대해 알고 난 순간부터 저는 그의 책을 모두 구입했습니다. 제 자신에게 새겨 넣고 싶었던 것들이 그 책들에 확연하게 제시되어 있다는 것을 알게 되었습니다. 그것도 훨씬 더 지적인 방식으로 말입니다.

학회지 그가 당신에게 어떤 존재입니까?

솔레리 그는 제게 아주 막대하게 중요한 인물입니다. 드 샤르댕이 아니었다면 저는 제 작업에 대한 확신을 갖지 못했을 것입니다.

학회지 그의 많은 책을 읽었습니다. 인간의 출현과 발전에 관한 가상도는 물론 미래의 그림도 놀랍도록 강력했습니다.

솔레리 그의 낙관주의도 역시 놀라웠습니다. 바로 이 점에 저는 강한 영향을 받았습니다. 요즘 시대에 낙관주의는 거의 찾아보기 힘들지 않습니까.

학회지 당신의 수공업에 대한 관심과 19세기 윌리엄 모리스주의 사이에 모종의 연관성이 있습니까?

솔레리 모리스의 작업에 대해 직접적으로 아는 것은 없었습니다.

당신도 알다시피, 그것은 좀 우스워 보이긴 해도, 지금까지도 계속 영향을 미치고 있습니다. 저는 모리스와 연관될 정도로 그에 관심을 두지 않았는데, 어쩌면 관심을 가져야만 하는 것인지도 모르겠습니다. 제 추측엔 어느 정도 일치되는 생각들이 있으니 말입니다.

학회지 그의 광대한 신념은 산업 혁명에 반대하려는 노력을 기울이자는 것이었습니다. 모아질 수 있는 모든 자원들을 피폐하게 만드는 전례 없는 재앙을 산업화라고 보았습니다.

솔레리 그렇습니다. 하지만 산업혁명은 필요한 단계라고 항상 느껴왔기 때문에 이 점에서 모리스와 저의 생각은 다릅니다. 물론 그것을 둘러싼 좋지 않은 일들이 벌어지는 것을 보아 왔습니다. 그러나 예술과 수공예의 세계는 많은 부분 부족하고 피상적이기 때문에, 인류를 수공예 시대로 회귀시키려는 위험을 감내할 필요는 없습니다. 실제로 그러한 노력이 있을 수 있지만 말입니다.

학회지 그렇다면, 당신 자신의 계획과 사고들은 산업혁명을 포용하는 정도에 이른 것입니까?

솔레리 물론입니다. 산업 기술을 생명과 관련된 기술, 즉 삶의 발전과정 그 자체인 생명공학의 연장선으로 파악할 필요가 있다고 생각합니다. 두 분야가 하나로 합쳐질 때 중요한 무언가가 일어날 수 있고, 새로운 의식이 형성될 수 있습니다. 생명공학의 일부분은 기술에 제압당하거나 기술로 인해 더 나은 기능을 수행하고 있기도 합니다.

이러한 틀 내에서 생명공학을 인지할 수 있다면, 기술은 자연스럽게 밟아야 할 차후 과정인 것입니다. 그러나 당연히 산업 기술 자체가 우선적인 것이 되어서는 안 됩니다. 그것은 단지 도구로 남아 있어야 합니다.

학회지 자동차의 경우는 어떻게 말해야 될까요? 자동차가 주인 행세를 하는 추세 아닙니까?

솔레리 아, 자동차라면, 그것이 주인 행세를 하고 있음은 의문의 여지가 없습니다. 그러나 자동차의 경우에만 일어나고 있는 일은 아닙니다. 우리가 발명해 낸 많은 것들이 아주 왜곡된 방식으로 사용되고 있기에, 기술이 아주 위험한 것이 되어 가고 있습니다. 기술이 과도하게 단순화시키는 장치라는 점이 그 한 원인이라고 생각합니다. 복잡한 문제가 생길 때, 기술에 눈을 돌려보면, 기술은 "모든 오물을 제거해 줄 것입니다." 다시 말해, 기술은 일을 수월하게 만들어 줄 것입니다. 이 문제 해결의 과정에 매료되고, 기술을 하나의 사물로 다룸에 희열을 느끼게 되면서 얻어 낸 해답이 인간적 가치의 측면에서 부정적인가 긍정적인가라는 판단을 놓치고 맙니다.

학회지 그런 생각에는 윤리적인 과정이 연루되어 있는 듯합니다. 사람들은 권력을 얻는 수단, 사리사욕을 채우는 방편, 경제적인 차원으로 자신들을 풍부하게 만드는 도구로 기술을 이용하며, 이러한 행태는 생산적 목적이나 소비의 목적에서 사람들에게 기술이 역으로 뭔가를 되돌려 주도록 조장해 내고, 사람들을 정신적으로 빈곤하게 만들어 버립니다. 이 점이 이해되세요?

솔레리 물론입니다. 사람들은 항상 이 나라의 부에 대해 말하곤 하는데 우리가 정말 부유한 것일까요? 힘은 있습니다. 하지만 유복한 삶 자체는 우리를 떠나 버렸습니다. 떠난 이유 중 하나는 우리가 기술을 잘못 사용하고 있기 때문입니다. 우리는 미래에 살게 될 사람들을 위한 염소, 즉 희생양인 셈입니다. 우리는 새롭고도 전례 없는 방식으로 에너지를 이용할 수 있는 마법사와도 같지만, 누군가는 그것을 제대로 사용해야만 할 것입니다. 우리의 상상력만이 그러한 상태에 이르게 해 줄 것입니다.

학회지 젊은 사람들이 더 낫게 만들 것이라고 생각하세요?

솔레리 네. 젊은이들이 오만해지는 것을 피할 수만 있다면 상황을 올바르게 이끌어 나갈 것이라고 생각합니다. 그러나 당신도 알다시피 지금 당장은 젊은이들에게 오만함이 만연되어 있습니다. 그들은 모든 것을 알고 있다고 생각하지만 사실 누구도 모든 것을 알 수는 없지요. 사람들이 0에서 70이나 80까지 진전시킨다면, 거기에는 그럴 만한 이유가 분명히 있습니다. 그래서 우리는 20이나 25에서 멈추어서는 안 되며 십대와 그 시기의 성숙도를 넘어 사람이 배울 수 있는 것들을 무시한 채 "지금 나는 그것을 해냈어."라고 말할 수는 없습니다. 아마도 현재 어떤 전환점이 있을 것입니다. 많은 젊은이들은 그들이 필요하다고 생각했던 것보다 더 강한 길잡이의 필요성을 느끼기 시작하고 있습니다.

학회지 무슨 말씀이시죠?

솔레리 많은 젊은이들은 다시금 길잡이를 절실하게 갈구하고 있습니다. 어느 순간 그들은 모든 규율을 파괴하고 모든 법칙을 부수었지만 현재 그들은 법칙이나 규율 없이 살 수 없다는 점을 자각하고 있습니다. 정의 자체에 있어 삶의 본질적 양상은 규율이기 때문입니다. 기율, 즉 생물학적 기율을 벗어난다면, 삶이라는 것은 존재할 수 없을 것입니다. 이렇게 단순 명쾌한 사실이 아닐 수 없습니다. 생물학적인 것보다 더 높은 어떤 차원에서도 규율 없이 무언가를 할 수 있다고 믿을 만한 근거는 없습니다. 그것은 어리석은 생각입니다.

학회지 젊은이들이 자신들의 상황을 호전시키려 시도했다고 생각하는 거군요?

솔레리 그렇습니다. 그리고 그 노력은 훌륭한 노선이있으며 어쩌면 중요한 도전이었을 것입니다. 그러나 그 도전은 실패로 접어들지 않았나 생각합니다. 그렇지만 젊은이들의 잘못은 아닙니다. 기율에서 탈피할 수 있고 자유를 향해 자신들이 좋다고 느끼는 것은 무엇이든 할 수 있다고 그들은 배웠기 때문입니다. 교수들과 젊은이들의 지도자들은 물살을 뚫고 지나가는 것보다 그냥 타고 흘러가는 것이 더 쉽다는 것을 알았는지도 모르죠. 바로 이 점에서 진정한 오류를 발견할 수 있을 것입니다. 젊은이들의 지도자들은 순응하는 오류를 범해 왔다고 생각합니다.

학회지 그래서인지 지난밤에 이곳에 있었던 젊은이들에게서 그러한 정신이 발견되지는 않는 듯했습니다. 트럭이 왔을 때 그들은 모두 올라타 짐 내리는 것을 도왔습니다.

솔레리 그랬지요. 대체적으로 그들은 아주 훌륭하다고 생각합니다. 그러나 우리가 가져온 서류를 통해 선별 양식을 만들었습니다. 우리는 "바로 너, 너, 그리고 너."라고 말하는 식으로 선별하지는 않습니다. 그저 꽤 힘든 과정의 프로그램을 던져주고 그것을 받아들일 수 있다고 느끼는 사람들이 스스로 선택했을 뿐입니다.

학회지 여자와 남자를 캠프에 같이 두면서 큰 문제는 생기지 않았습니까?

솔레리 가정을 벗어난 공동 집단, 공동체에서의 경험은 많은 우리 학생들에게 그리 멋진 것만은 아니었습니다. 돌이켜 회고해 볼 수 있다면 그 경험을 시도했던 많은 젊은이들은 지금 가정에 대해 뭔가 다른 것을 느낄지도 모릅니다. 가정에는 다른 어떤 곳에서도 찾을 수 없는 무언가가 있고 그것은 아주 간단합니다. 그것은 바로 아버지와 어머니죠. 그들은 생물학적으로 당신과 동일성을 가지고 있고, 그것은 벗어날 수 없는 사실입니다. 그들이 존재하지 않았다면, 당신도 존재할 수 없습니다. 그 어떤 것도, 그 어떤 사람도 당신과 다를 수는 있지만 부모님의 경우는 아닙니다.

학회지 제가 지난 이틀 동안 보고 들었던 것에 대해 이제 논의할 시점이 온 것 같습니다. 성숙에 실패함으로 인해 우리가 지금 당장 아주 깊숙이 빠져들어 있는 인류의 당면한 문제들, 어려움들을 저는 보게 됩니다. 개인적 현실 감각과 가치의 확고한 기반은 가정생활과 가정교육을 통해서 생기고 우러납니다. 많은 사람들이 이것을 획득하고 있지 못하지만, 자질을 제대로 갖추기 위해서 우리는 여전히 이것을 지녀야만 합니다. 이 문제가 도시에 어떻게 접목되고 있는지 모르겠고, 이 근본적인 문제를 부각시키고 해결하는 방법을 내놓지 못한다면, 어떻게 사람들이 더 좋아지고 도시에서 좀 더 품위 있게 살아갈 수 있을지 모르겠습니다.

솔레리 당신 말대로 사람들의 일부는 신체고 또 다른 일부는 정신입니다. 우리는 이 두 가지를 분리시킬 수 없습니다. 만일 좀 더 조화롭고 감각 있는 정신적 삶을 누리길 원한다면, 양호한 신체적 삶 또한 갖추어야 합니다. 왜냐하면, 모든 인간 즉 모든 정신적 존재이자 신체적 존재인 사람들에게 환경은 거의 현실의 반을 차지하기 때문입니다. 지금까지 사람들은 환경을 제어하고 구축하는 기묘한 방법들을 써 왔습니다. 사람들은 자기만의 작은 성을 짓고 소유한 모든 물건들로 그곳을 채운 다음 이 소유영역을 유지하고 확장할 수 있는 방향으로 자신의 삶을 조성해 냅니다. 요즘 들어 이러한 현상의 독특한 양상은 아주 그 얕은 면모를 드러내고 말았습니다. 우리 아이들이 이것을 어느 정도 감지한 것 같아요. 부모들의 말과 행동 사이에 생긴 불일치가 아이들의 정신 속에 각인되어 쌓여가면서 아이들이 부모들을 존경하는 일이 어렵게 되어 가고 있습니다. 부모로부터 배워야 할 열망이나 능력을 잃고 있다는 점도 두말 할 나위 없습니다.

학회지 하지만 교외의 스콧데일에서 가정을 끌어내 아르코산티에 심어 놓으면 상황은 더 좋아질 수 있을까요?

솔레리 물론 그렇게 생각합니다. 우선 새로운 책임을 반 강제로 부여받은 사회의 행태에 그런 가정의 행태를 물리적으로 다시 통합시켜낼 수 있습니다. 가정은 고립되지 않고 이 작은 영역에서 군주와 같지도 않고, 스스로 책임져야 하는 단일체도 아니라는 사실을 가정에서 받아들여야 할 것입니다. 둘째로, 가정환경에서 물리적 풍요에 관한 그 한계가 있다는 점도 수긍되어야 할 것입니다. 셋째로, 가정이 산출해 낼 수 없는 많은 것들, 즉 공동체의 진정한 문화적 측면을 도시에서 발견할 수 있다는 합의에 도달해야 할 것입니다. 가정은 삶의 우물 샘과 진정한 관련을 가지게 될 것이며, 사건을 한데 융화시켜 더 넓은 영역으로 확장될 것입니다.

학회지 어떤 이행과정이 이루어지고 가정이 이 과정 속으로 편입되면 사회적 상황에 의해 규정된 새로운 힘들이 전혀 새로운 인생관의 모델을 만들어 낼 것이라고 말씀하는 것처럼 들립니다.

솔레리 그 일은 자동적으로 일어나지는 않을 것입니다. 사람들 마음 자체의 큰 변화가 수반되어야만 할 것입니다. 그렇지 않으면 환경은 사람들에게 크게 보답하지 않을 것입니다. 우리는 충분할 정도의 무언가를 아직 설정해 내고 있지 못하지만 필요한 무언가를 만들어내고는 있습니다. 마음의 변화를 이끌어 낼 수 있는 조건들을 우리는 만들어 내고 있습니다. 다시 말해, '완벽한' 환경을 구축하는 것으론 충분하지 않고, 완벽한 사회까지 희망해야 합니다. '완벽한' 환경에 무시무시한 사회를 가질 수도 있고, 그 역의 상황에 처할 수도 있습니다. 그러나 환경을 가다듬는 일은 도움이 될 것입니다. 나머지 일은 계획가나 정치가, 경제인들의 몫입니다.

학회지 그 두 가지 목적을 위해 일하는데 당신이 동조한 사회 사상가나 사회단체들이 있지 않나요?

솔레리 그 점에서라면 저는 스키너(Skinner)를 따른다고 할 수 있습니다. 체벌이 해롭지만은 않고, 제대로 이해하지 못한다면 세상과 그것의 현실이 부과할 무엇인가가 체벌이며, 상 역시 이해가 수반된 상태에서 현실로부터 나올 수 있다는 점을 이해하고서 아이들을 키운다면, 어느 정도의 수준까지 그 일이 성과를 거둘 것이라고 생각합니다. 행동주의에 대해 제가 신뢰하는 부분은 이러한 방식으로 미래를 만들어나가는 측면입니다. 저의 경험에 의해서도, 체벌과 상은 사건을 순리대로 이끌어 나가는 무엇입니다.

학회지 '미학적 과정'이 우리의 문화에서 하나의 원동력이라고 지적한 적이 있으시죠. 그에 대해 좀 더 구체적으로 설명해 주세요.

솔레리 최근에 저는 "가상의 종교(The Religion of Simulation)"라는 제목의 논문을 하나 썼습니다. 이 글에서 저는 신에 대한 우리의 개념은 하나의 가설이자 미래에 우리가 알게 될지도 모를 현실의 그림 혹은 가상 모델이라고 언급했습니다. 그것이 가상에 지나지 않고 경이로워할 자세가 되어 있는 한 그것은 아주 긍정적이며 강력하면서도 도움이 되는 가상입니다. 이제 이 신심을 드러내고 그 가능성을 현실화하기 위해 우리가 취할 수 있는 두 가지 길이 있습니다. 저는 그것을 '신성한 자(sainthood)'와 '발생론적 미학(aestheto-genesis)'이라 명명합니다.

학회지 더 정확히 설명해 주시지요.

솔레리 발생론적 미학은 미학적 세계의 발생이나 기원을 말합니다. 신성한 자는 마음에서 정신으로, 심리적 에너지에서 신으로 이동하는 과정에 대한 시놉시스이자 망원경인 셈입니다. 고행을 통해 성인과 순교자들은 거의 신과 같은 이미지나 면모를 드러낼 수 있습니다. 신성한 자는 사람일 필요는 없습니다. 그것은 사람들의 경험일 수도 있고 2차 세계대전 당시에 유태인들에게 일어났던 일과 같은 것일 수도 있습니다. 이것이 바로 하나의 길입니다.

또 다른 길은 물질을 미, 즉 미학적 미, 자비로운 미로 변형시키는 일입니다. 이 변형 역시 고뇌를 겪고 삶의 일부분이며 구성요소인 고통을 이겨 나가며 이루어집니다. 미는 논리적 추론이나 합리화 과정, 정리 등의 그 어떤 도구적 방편으로도 창조될 수 없습니다. 미는 그 고유의 창조적 과정인 발생론적 미학을 통해 나타납니다. 물질은 고뇌를 통해 미학적인 것, 정신적인 것으로 탈바꿈됩니다. 이러한 변형들이 수없이 이루어지면서 신과 같은 상태가 의식에서 출현하기 시작합니다. 따라서 우리는 미학적 과정을 통해 어떤 파편적 일부, 즉 신의 세세한 파편들을 드러내게 됩니다.

학회지 그렇게 본다면, 그것은 마치 제조 과정과 거의 유사해 보이는데요. 어떤 이들은 질료를 다루는 능력을 가지고 있어 신의 파편 중 하나인 미학적 감수성을 통해 그것의 변형체들을 만들어 냅니다.

솔레리 그렇습니다. 제대로 파악하셨군요. 다만 그것이 자동적으로 이루어지는 일은 아니라는 점을 강조해 두고 싶습니다. 창조성과 고뇌는 모두 자동적으로 발현되지 않습니다. 사람들은 그냥 마음을 방치해 버리고 말지도 모릅니다. 고뇌는 파괴를 의미하는 것일 수도 있습니다. 그러나 그리 자주는 아니지만 가끔 어떤 상황에서 인간은 고뇌를 초월할 수 있는 능력을 가졌습니다. 특수한 상황이라는 주어진 어떤 순간에서만 할 수 있는 일입니다. 다음 번에도 다시금 시작해야 합니다. 행동을 할 각 순간마다, 사람들은 바보처럼 행동할 수도 있고, 예술가나 성인처럼 행동할 수도 있습니다. 하지만 나날이 점진적으로 행동을 이어나가야 합니다.

그리고 한계점이란 없습니다. 아무리 엄청난 노력을 기울여도 이루어 낼 수 없는 무한점이라는 것이 존재하지요. 인간 고뇌의 접점에 화답하기 위해 기다리는 무한점 말입니다. 더 많은 것을 알아내고 더 많은 것을 획득하고, 알 수 있는 것보다 더 많은 것을 상상하면 할수록, 가능성과 현실성 사이에 경계는 없다는 것을 더 잘 알게 됩니다. 어쨌든 신은 바로 여기에 있습니다. 고뇌의 요소는 냉정한 자연의 아름다움과 비교해 볼 때 자비롭기 그지없는 아름다움을 더 잘 표현할 수 있는 계기가 됩니다. 풍경은 아름답습니다. 하지만 그 속에서 인간의 동정심은 찾아볼 수 없습니다. 동정심 그것은 인간이 세상 속에서 자신의 무력함을 의식하면서 생기며, 바로 이 의식을 통해 선과 악이 어느 정도 구별됩니다. 악해지는 것 대신 선해지는 딜레마는 아름다움과 신을 잉태하게 될 고뇌라는 요소라고 생각합니다.

학회지 선과 악에 대해 좀 더 말씀해 주세요.

솔레리 그것이 아우구스티누스주의인지 아닌지, 어디서부터 유래되었는지는 모르겠습니다. 하지만 악이란 선의 부재이며, 우주가 충분히 선하지 못하다는 의식이 바로 악이라고 믿는 편입니다. 의식은 우주 전체와의 동일성을 가지길 원합니다. 우주가 의식으로 채워지지 않은 곳은 어디나 의식에 의해 아직 구원되지 않은 악의 상태에 머물게 됩니다. 엔트로피에 대항한 투쟁은 악에 저항하는 투쟁입니다. 모든 것을 종합하고, 우주 전체를 신의 양상으로 변형시킬 가능성이 있다고 하여도, 이 가능한 신과 인간의 임무에 따라 형성된 모습 속에서 우리 자신을 목격하게 되는 그런 존재론적 상황 사이의 간극을 발견하게 됩니다. 비록 행동주의자는 아니지만, 저는 스키너에게서 이러한 임무를 수행하는 데 도움이 될 수 있는 지혜들을 발견합니다.

학회지 검약성(frugality)에 대해 말씀해 주세요.

솔레리 우리 인간은 68킬로그램의 육질을 가진 정신적, 신체적 창조물로 서 있지만, 그렇게 작은 공간 안에 엄청나게 많은 것들을 담고 있습니다. 우리는 모두 검약성이 경이롭게 구현된 사례입니다. 이 삶의 신은 이렇게 작은 것을 통해 많은 것들을 이루어 낼 수 있습니다. 우리는 검약성의 놀라운 실례입니다. 우주라는 이 광대한 기계 안에서 우리는 단순히 존재하기보다는 그 위대함을 포착할 수 있는 미분화된 조각입니다.

학회지 그렇다고 하니, 검약성은 당신이 말하는 '소형화(miniaturization)'의 의미에 가까워 보입니다.

솔레리 누구든 그것에서 벗어날 수 없다고 생각합니다. 그것은 많은 것을 적은 것에 집결시켜 놓는 능력이이 분명합니다. 극소량의 물질, 극소의 에너지가 그렇게 복잡성을 내포하고 있다니! 경이로움은 바로 이 점에 있습니다. 이 때문에 한 인간, 그토록 검약한 현상의 하나인 나 자신이 어마어마한 기계류나 잡동사니 더미로 주변을 둘러쌓을 때, 나의 존재에 대해 부정하게 되는 것입니다.

학회지 어제 모임에서 당신은 이렇게 말했습니다. "우리는 그저 순수한 정신적 존재만은 아니다. 우리는 근원적으로 물질이며, 물질에 근원이 있다는 것은 아주 아름답기에 이 사실을 크게 기뻐해야 한다."

솔레리 성인들은 다른 식으로 생각하리라 예상되는데, 그렇지 않나요? 한 순간에 '순수한 정신'이 무엇을 말하는 것인지 포착할 수는 없습니다. 저는 순수한 정신으로 인식되는 신에 반대하며, 신에 대해 생각하듯이 불멸하고 위대한 그 어떤 존재를 부정하기에, 우주를 내파시켜 한 점으로 만들어 놓은 것이 신의 이미지라고 생각합니다. 드 샤르댕은 이것을 '오메가 포인트(Omega Point)'라고 칭했습니다.

학회지 물질과 정신의 관계라는 것에 대해 좀 더 얘기해 주세요. 이 두 가지는 종종 상반된 방향을 향해 치닫고 있는 듯하지만, 아주 역동적인 균형을 이루고 있습니다.

솔레리 사물을 설명하는 것이 아니라 보는 방식 중 하나는 정신을 하나의 내부화된 물질로 이해하는 것입니다. 다시 말해, 생명의 현시를 깨닫게 될 때마다, 정신의 현시 또한 감지하게 되는 것입니다. 그것이 하나의 잎이나 일개 벌레 하나처럼 아무리 그 존재가 비천하더라도 말입니다. 살아 있는 모든 것에는 내부화된 우주, 즉 미분화되어 있지만 실질적인 우주가 있습니다. 이 말이 함축하는 바는 몇 가지 이유에서 물질이 내적으로 규정되고, 내부를 향한 자기 자신을 의식해 나갈 수 있다는 점입니다. 따라서 이러한 내적 우주를 더 많이 유도해내면 낼수록, 우리는 모든 물질을 감지해낼 수 있는 가능성에 더 가까이 접근하게 되고 진화의 뚜렷한 의도에 더 가까이 다가갈 수 있습니다. 이 진화의 과정이 무궁무진 진행될 수 없다고 말하며 한정시키는 것은 정당하지 않습니다. 왜냐하면 애초의 조건은 지금 우리가 처해 있는 조건과 전혀 달랐으며, 지구 최초의 생태 환경은 불과 메탄가스뿐이었다는 점을 이 진화가 말해 주기 때문입니다. 우리 인간과 신 사이에 남아 있는 간극은 적어도 최초의 지구와 현재 지구 사이의 간극만큼 클 것입니다. 아마도 미학적으로 우리는 사물의 복잡화 과정에 한계점을 둘 수 있겠지만, 진화는 그렇게 이루어지는 것이 아닙니다. 개인적으로 저는 한계란 없다고 생각합니다.

학회지 한계를 향해 계속 진행하다 보면 더 단순해진 정신적 그릇에서 더 큰 복잡성을 이루어 내어 정신화에 도달한 후 결국 한 점, 즉 오메가 포인트에 이를 수 있는 거군요.

솔레리 이 한 점에 대해 과학자들은 "이것은 어리석은 일일 뿐이다." 라고 기꺼이 말하지는 못할 것입니다. 사실상, 과학이 그렇게 명석한 사고과정이 아님을 과학자 자신들도 깨닫기 시작했습니다 만일 우리가 지속적으로 처음부터 지금까지 진행된 생명의 제 현상들을 주시하려고 노력한다면, 우리 자신을 위해 모든 것들을 더 쉽게 풀어나갈 수 있을 것입니다. 예를 들어, 아프리카가 30만 년 전이나 50만 년 전만 해도 지금보다 훨씬 더 정신적이었다고 말할 수 있습니다. 오늘날의 아프리카는 수많은 문제로 엉켜 있는 것이 사실입니다. 유럽이나 아시아, 그 외의 어떤 곳이라도 마찬가지입니다. 아주 깊은 시각을 견지해 본다면, 물질이 좀 더 감성에 가까워지고 점점 더 감성 그 자체가 될 수 있다는 것은 자명합니다. 즉 물질은 과거 그 어느 때보다 더 감성적 실체가 된다는 말입니다. 그리고 난 후 어느 순간 인간은 최선봉에 있는 존재 즉 감수성이 가장 잘 발달된 감성적 존재가 되어 있을 것입니다.

학회지 그렇다면, 선이란 '감성(sensitivity)'이겠군요.

솔레리 그렇다고 생각하고 싶습니다.

학회지 점증하는 감성이란 무엇입니까?

솔레리 그것이 함축하는 바는 의식, 즉 자기 의식입니다.

학회지 자의식이라면……. 자아란 무엇일까요? 자양분의 이슈, 즉 자아의 선함을 느끼게 해 주는 이유를 제기할 때마다 제가 거론하는 질문입니다. 사람들은 자신들이 괜찮은 편은 아니고 자신의 자아는 선하지도 아름답지도 않다는 신념을 가지고 성장하는 듯합니다. 제 생각에 문제의 핵심은 자아의 선량함, 즉 신이 잉태한 자의식을 느낄 수 있도록 만드는 일입니다. 그것은 바로 구원이라고 주장하고 싶습니다. 물론 그것을 원하는 방식으로 어떻게든 읽어도 좋구요.

솔레리 드 샤르댕이 이 점과 관련된 말을 했다고 생각합니다. 그의 지적에 따르면, 집단화되면 될수록 우리는 더 개인화된다고 합니다. 다시 말해, 사회 중심적인 상황이 더 강하면 강할수록 자기에 대한 의식은 더 커지고 정교집니다. '타인을 위한 사람'에 더 가까워지는 것입니다. 따라서 가정 내의 한 인간에 적응한다면, 우리는 개인으로서 자리매김할 수 있을 것입니다. 만일 가정 내 인간에 적응하지 못한다면, 우리는 한 개인으로 서질 못할 것입니다. 그러니 집단과 개인 사이의 모순은 없습니다. 사실상 그 중 하나는 다른 하나에 이르기 위한 디딤돌인 셈입니다.

학회지 저도 그 점은 잘 알지만, 인간을 통해 이 관계가 만들어 내는 엄청난 힘 또한 발견하게 됩니다.

솔레리 물론입니다. 그러나 그 이유는 우리가 사건을 경험하는 시작 단계에 있기 때문일 것입니다. 우리는 태어난 그 상태에 머물러 있는 것이 아니라 무언가의 개념 위에 서있다는 점을 깨닫게 된다면 좀 더 낙관적이 될 수 있을 것입니다. 우리는 거의 인식되지 못하고 있고, 무엇이 될지 아직 분명하지도 않습니다. 우리는 태어나기도 전에 수많은 스트레스와 위협을 겪게 됩니다. 그리고 각각의 외상들은 그 희생양을 가집니다.

학회지 강력한 개인적 권력을 쌓기보다는 이러한 방향으로 가진 것들을 집결시킨다면 자아의 가치에 대한 강한 믿음을 가질 수 있겠죠. 아마 이 때문에 사람들은 그렇게 축척하는 것일지도 모릅니다. 그들은 그 모든 잡동사니들을 끌어 모아 자신들 주변에 그것으로 불안감의 위협에 대항해 장벽이나 보루, 방어벽을 둘러쌓습니다.

솔레리 맞는 말입니다. 당신도 알다시피 우리는 어떤 특정한 한 점을 향해 가게 되어 있습니다. 불안감에 휩싸인 채 성장하고 변화하긴 어렵습니다. 마음을 비우고 버릴수록 우리는 성장합니다. 그리고 우리에겐 성장시켜야 할 것들이 많이 남겨져 있습니다.

학회지 그것은 사람들이 믿음을 가져야만 하는 무엇이 아닐까요?

솔레리 맞습니다. 그런 지속적인 믿음을 유지하기 위해서는 양호한 환경이 필요하다고 저는 확신합니다.

학회지 환경이 사람들을 가르칠 수 있다고 생각하는 거군요?

솔레리 그렇진 않습니다. 그것은 필요한 일이지 충분한 일은 아닙니다. 좋은 재료와 좋은 그릇만 있으면 자동적으로 좋은 수프가 만들어진다는 어리석은 생각을 해서는 안 되며, 수프를 요리하기에 좋은 용기가 필요함을 알아야 합니다. 용기가 좋으면 좋을수록 양질의 수프를 얻을 확률은 더 높아집니다.

그러나 우리는 수프처럼 그렇게 간단한 것을 다루지는 않습니다. 무슨 일을 하든지 간에 더 많은 영향을 미칠 그런 용기를 다루지요. 만일 지구가 현재의 모습에서 약간만 달라진다 해도, 우리는 현재의 모습과 아주 많이 달라질 것입니다. 우리를 선이나 악의 모습으로 변모시키는 환경이라는 요인이 항상 관건입니다. 바로 이 때문에 저는 환경이 그렇게 중요하다고 생각합니다. 그리고 우리는 어떤 선택을 해야만 합니다. 옳은 길을 선택하거나, 그것을 회피하거나, 막다른 길로 걸어가 끝이 날 때까지 풍요롭게 그곳에 안주할 수도 있습니다.

학회지 파울로 씨, 당신의 모든 작품은 원형과 정방형이라는 두 가지 형태로 망라되어 있는 듯한데요. 아르코산티의 거의 모든 형상은 원형과 정방형이 조합된 것입니다. 이러한 형상들이 당신의 철학과 어느 정도 관련되어 있다고 생각하십니까? 아니면 단지 개인적 선호도의 문제입니까?

솔레리 그런 미묘한 차원들에 대해 저는 다재다능한 편이 아닙니다. 저는 상징, 즉 사물의 기하학과 사물의 의미 사이의 있을 법한 관계에 대해 고려해 본 적이 없습니다. 그런 방식으로 경관에 틀을 부여하는 것을 좋아해서 그랬는지도 모르겠습니다. 사실 도시의 진짜 의미는 즉각적으로 설명하기에 불가능할 정도로 어느 정도 신비스러운 것들에 있다고 믿습니다. 생물학적 창조물의 진화는 만족할 만한 형태를 찾아내는 필요성이 아니라 새로운 필요성을 규정해 주는 형태를 통해서 이루어집니다. 우선 유기체의 기관이 먼저 생기고 그 후에 기능이 출현하는 법입니다.

학회지 형태가 가장 우선적이다는 말입니까?

솔레리 그 다음은 내용입니다. 모든 형태가 내용을 찾아간다는 말을 뜻하는 것은 아닙니다. 대부분의 형태는 이 일에 실패합니다. 우리는 이런 경우를 종종 보게 됩니다. 우리는 필요에 따라 무언가를 세우지만 그것이 옳지 않다는 것을 알게 됩니다. 그런 후에는 그것을 가지고 무엇을 할 수 있을까를 찾으려고 탐구합니다. 페니실린의 경우처럼 말입니다. 그것은 합리적이지는 않지만, 생명은 바로 이러한 방식으로 진화하는 것임을 보여 주는 건 아닐까요? 어떤 필요성들이 아니라 생존을 통한 진화 말입니다. 애초에는 아무 의미가 없었던 새로운 것들, 새로운 변이들을 통해 도달할 수 있는 존속이라는 것. 눈을 하나의 예로 들 수 있겠습니다. 생명의 어떤 단계에서는 시각이란 것이 존재하지 않았습니다. 분명히 어느 누구도 그 어떤 창조물도 눈을 가질 수 있을 것이라고 생각하지 않았습니다. 어떤 섬유 성분이 빛을 감지하게 되면서 일어난 일일 뿐입니다. 그러니 형태가 먼저이고 기능이 그 뒤를 따랐던 것입니다. 유전적 발전과정의 미세한 각 단계들은 우연에 의해 야기되고 생존의 장치가 되는 변이들로 인해 생깁니다.

학회지 당신의 원형과 정방형들을 볼 때 저는 브라질에 있는 로베르토 B. 마르크스(Roberto Burle Marx)의 경관 디자인 작품을 떠올리게 됩니다. 당신도 알다시피, 극도로 자유로운 그의 형태들, 날아다니는 듯한 형태들은 아르코산티와 아주 다른 양상을 가집니다. 아폴론적인 정신과 디오니소스적인 정신을 가로질러 섬광처럼 스치는 생각들이 감지되고, 철저한 마르크스주의와는 대조될 질서와 규범에 매달리는 듯해 보입니다.

솔레리 그렇습니다. 어느 면에선 본능적이기도 하고 지적이기도 합니다. 디오니소스적인 것은 본능적인 것이고, 아폴론적인 것은 지적인 것이지요.

학회지 이것이 당신에게도 유효하게 작용했습니까?

솔레리 그리 충실하지는 않은데요. 사실 아르콜로지를 표방하는 제 작품은 우선 디오니소스적이며 차후에 아폴론적이 될 것이라는 점을 어딘가에서 지적한 바 있습니다. 그러나 우리는 이 두 가지 양상이 동일한 현상의 일부분이 되도록 서로 융합시키려 시도해야 한다고 생각합니다. 당신은 이 두 가지가 독자적이며, 하나는 기원이 되고 다른 하나는 목적이라고 지적할 수도 있을지 모릅니다. 우리는 본능적 현상에서 출발했습니다. 그리고 우리는 종종 지적인 현상으로 끝을 맺곤 합니다.

학회지 어느 면에서 볼 때 그것은 막대한 손실입니다.

솔레리 네. 기술이 주는 불이익 중 하나가 아닐 수 없습니다. 기술은 본능적인 것을 지적인 것으로 변형시키는 경향이 있습니다. 그러니 우리는 아직까지는 많은 부분에서 본능의 로봇임을 드러내고 있지민 결국 본능 대신 지식의 로봇이 되고 말 것입니다.

학회지 문제는 균형을 유지하는 것이라고 봅니다.

솔레리 저 또한 그렇게 생각합니다. 두 극단을 치고 올라가야 합니다. 그 중간 상태에 있는 것만으로는 충분하지 않습니다. 각각의 최상점에 이르기 위해서는 그 두 가지 모두에서 벗어나야 한다고 생각합니다.

학회지 이 생각을 어떻게 묘사할 수 있을까요?

솔레리 본능적인 것과 논리적인 것 모두를 가장 잘 이용할 수 있게 해 주는 의식으로 묘사해 봅니다. 아마 이것을 동정심이라고 불러도 될 것입니다.

학회지 교회라는 조직화된 종교집단이 당신의 도시에서 서게 되리라고 생각하십니까?

솔레리 그것은 어려운 일입니다. 종교는 그 본질상 미래를 예언하려는 시도를 감행한다고 저는 확신합니다.

학회지 무엇에 대한 시도입니까?

솔레리 미래를 예언하기 위한 것입니다. 교회를 한 마디로 표현하면 예언하는 기관이라고 생각합니다. 이러한 측면에서 교회는 우리가 하는 모든 일에서 가장 중심적 위치를 차지하려 든다고 믿습니다. 누구든 그것에서 벗어날 수 없습니다.

학회지 신이 현시되는 각 순간들을 일관된 하나의 상으로 끊임없이 접목시키며 그 완전한 현현이 의식의 발현으로 화할 수 있게 만드는 일을 일종의 신학적 임무라고 보는 거군요.

솔레리 물론 그런 셈입니다. 만일 물질이 정신으로 변형되는 것을 목격하는 순간을 우리가 받아들이게 된다면, 모든 생태학적 과정은 신학적 과정이 되는 셈입니다. 피할 수 없는 결과입니다. 따라서 물질은 신의 상태에 도달하기 위해 갈망하고 의욕합니다. 그렇기에 생태학적 의미의 일은 무엇이든지 간에 신학적 차원의 의미를 가지게 됩니다.

학회지 만일 교회가 당신의 도시에서 어떤 역할을 가지게 된다면, 그것은 그곳에서 일어나는 일들의 경험이 낳는 결실들을 한데 모아 무용한 것들을 전환시키고 나쁜 것을 몰아내는 일이 될 듯합니다.

솔레리 맞는 말입니다. 오염물질로 되어버릴 엔탈피를 전환시키는 것입니다.

학회지 의식이나 감성 등의 다른 요소들을 한데 모아 가능한 것들이 무엇인지 예상해 나가는 작업을 꾸준히 진행시키는 것이군요.

솔레리 그렇습니다. 현재 위험 중 하나는 교회의 비전들을 예언으로 인식하지 않고 완벽한 무엇으로 생각하기 시작한다면 우리는 한 보도 움직일 수 없는 정지 상태에 머무르거나 퇴보하려는 유혹에 처하게 된다는 점입니다. 제가 아는 한 회귀해야 할 일은 아무 것도 없습니다. 에덴동산이라는 것은 기껏해야 아름다운 동물적인 환경일 뿐이며, 많은 측면에서 완전하지만 의식이 박탈된 무엇이며 냉정한 것이기도 합니다. 제가 미학적이라고 칭하는 것은 자비로운 미에 대한 느낌이기에, 이러한 초기 상태로 돌아가서는 안 됩니다. 우리는 신을 향해, 기원으로서의 신이 아니라 가설적으로만 알 수 있는 목표점으로서의 신을 향해 앞으로 나아가야 합니다. 만일 교회가 이러한 동적인 역할을 하는 도구가 된다면, 오랫동안 교회가 많은 사건들의 중심적인 위치, 즉 삶이 그 자체를 구축할 수 있게 해 주는 중심적 길에 놓일 수 있다고 생각합니다. 그러나 교회가 과거의 영광을 향한 노스텔지어에 젖게 된다면, 질식 상태에 놓일 것입니다.

학회지 베드로전서에는 여러 시대의 겹침에 대해 그가 언급한 부분이 있습니다. 그가 묘사한 것처럼 예수 그리스도는 새로운 시대를 향해 먼저 가 있는 존재이며 그것을 현재의 우리에게 되보내 줄 것이기 때문에 우리 모두는 현재 도래하고 있는 무언가를 경험할 수 있는 것입니다. 이 때문에 그리스도가 이 땅에 오셨던 거죠. 테이야르가 오메가 포인트라고 칭한 그것은 일종의 전조로서 현재에 나타납니다.

솔레리 이상한 우연이군요. 제가 신성한 자의 시놉시스라고 칭한 것과 동일한 양상이네요. 성인이란 고행을 통해 미래를 현재화할 수 있는 사람이라고 전에 제가 지적했음을 기억하실 겁니다. 모든 것은 그렇게 촘촘히 얽혀 있습니다.

학회지 베드로전서의 이 생각, 이 정신적 사건은 소유의 개념과도 관련되어 있습니다. 미래의 먼 시점에서 유래한 정신에 우리 자신을 사로잡히도록 만들 수 있습니다. 이런 의미에서 과거에 집착하는 노스텔지어가 아니라 앞을 향해 나아가는 일을 종교의 기능으로 봅니다. 이 부분에서 당신의 이념과 진정으로 조우하지 않나 싶습니다.

그러나 이야기를 더 진전시켜 보죠. 저는 도시에서 개인의 자유란 것에 그다지 관심을 두지 않습니다. 가령, 삶에서 제가 즐거움을 느끼는 일 중에 하나는 정원 가꾸는 것입니다. 저는 자신만의 땅을 소유해야만 합니다. 이웃집 개와 아이들이 함부로 들어와 어지럽힐 그런 정원을 가지려고 하지는 않을 것입니다. 그런 행태는 공공장소에서라면 있을 수 있는 일이겠지만, 내 삶의 영역 중 그렇게 많은 부분을 양보해야만 한다면, 그것을 참아 낼 수 없을 것 같은데요.

솔레리 사람은 자신에게 아주 기본적인 무언가를 강하게 느낄 때, 그것을 움켜잡고 있어야 합니다. 그러나 당신도 알다시피, 많은 사람들은 "대지와 접촉하라," "자연을 사랑하자."라는 생각들을 그저 말로만 떠듭니다. 종국에는 도시에 다양성과 개별성을 부여할 여지가 생기긴 할 것입니다. 50억의 사람들을 도시에 강제로 몰아넣는 것을 옹호하지 않습니다. 그러나 우리는 분명히 50억 혹은 60억에 달하고 있기에, 도시의 필요성은 훨씬 커져갈 것입니다.

학회지 그 점은 이해합니다.

솔레리 그렇기에, 좀 더 효과적인 도시를 만들려면, 대지와 실제로 접촉할 필요를 느끼는 당신과 같은 사람들에게 좀 더 많은 공간을 할애해 줄 수 있어야 합니다. 그 일은 비단 지상에서만 이루어질 수 있는 것은 아닐지 모릅니다. 다양한 여러 높이에서도 할 수 있는 일입니다. 우리는 여전히 어떠한 방법론을 선택할 것인가의 단계에 머물러 있습니다. 방법론을 모색하는 것과 그것을 실제로 적용하는 것은 다른 차원의 일입니다. 그 방법론을 적용할 수 있다는 말은 아닙니다. 성장하는 길은 실천하는 것, 심혈을 기울여 노력하는 것, 착수하는 것임을 말하고 싶을 따름입니다.

학회지 수프의 조립법이 아니라 그 용기를 디자인한다고 지적하셨었죠. 그러나 이 새로운 도시에서 삶이 어떻게 전개될지 몇 가지 예견할 수 있겠습니까? 젊은이들의 경우는 어떠할까요? 젊은이들이 감수성을 가질 기회를 도시가 어떻게 부여하고 북돋을 수 있을가요?

솔레리 도시는 정보의 매개체이며 살아 있는 환경이기에 하나의 학습장이 될 것입니다. 즉 젊은 사람들이 전통적인 의미에서의 학습을 지속하지 않도록 뭔가 다른 분야, 다른 차원에서 색다른 종류의 일들이 일어나도록 유도해야 합니다. 도시는 이들의 학교가 될 것이며, 이를 통해 교실 문, 즉 자신의 삶이 진행되는 장소의 문을 열었을 때 아이들이 쉽게 도시에 동화될 수 있게 됩니다. 이 일은 지금도 일어나고 있습니다. 도시를 학습이 이루어지는 환경으로 생각하기 때문에 그것은 최상의 상태가 되어야만 합니다. 도시가 생기로 충만하고 선택할 수 있는 대안들로 가득 차고 젊은이들의 호기심과 감수성을 자극하는 일로 넘칠 때만 최상의 상태에 이를 수 있습니다. 두려운 점은 교외 지역에서도 슬럼가에서도 현재 이러한 일이 일어나고 있지 않다는 것입니다.

학회지 법칙과 질서는 어떠한가요? 많은 사람들이 파괴성을 덮기 위해 익명성을 이용하지는 않나요?

솔레리 물론입니다. 하지만 이럴 경우 환경은 그 어느 방향으로도 도움이 되지 못할 것입니다. 적의로 가득 찬 사람들이 그 어떤 환경에서 자신들을 발견하더라도, 그들은 잘못된 행동 혹은 그보다 더 나쁜 상태로 빠져들 수 있습니다.

학회지 야만주의를 주로 앙갚음의 행위로 보시는 건가요?

솔레리 물론입니다. 만일 부정(injustice)이 난폭한 것이라면, 파괴적으로 되기는 너무나도 쉽습니다. 법칙과 질서를 가지기 위해서는 외경할 만한 참조의 틀과 마음가짐 속에 우리 자신을 정립시켜야만 한다고 생각합니다. 심리적인 면만 고찰하거나 신체적 사실의 측면에서만 바라본다면 이런 일을 할 수 없을 것입니다. 이 두 가지를 한데 결합시켜야만 합니다. 그렇게 되면 사람들을 포함한 주변의 모든 것을 향한 경외감을 가질 수 있습니다. 주변에 있는 것들을 돌보기 시작하게 되는 것입니다. 이러한 경외감이 없다면 강제력만이 존재할 것입니다. 독재자에 의한 강제력, 소유권 혹은 가진 것으로 인해 야기되는 강제력만이 판을 칠 것입니다. 소유하고 있는 것을 돌본다면 내 주변은 지옥 같을 것입니다. 가진 것을 돌보기가 더 낳아 보이긴 합니다. 그렇지 않는다면 아무 것도 소유하지 못하게 될 수도 있기 때문입니다. 우리가 일반적으로 사용하는 시스템은 바로 이것이 아닌가요?

그것이 작동하는 방식은 무엇일까요? 주변을 둘러싸고 있는 것들에 경외감을 느끼기에 그것을 돌보고 존경하도록 결정하게 만드는 것이 업무 시스템이라는 것입니다.

학회지 존경하는 법을 배우기 꺼려하고 당신이 제안한 노선을 따라 지어진 도시에서 살기를 원하지 않는 사람들에게 무슨 일이 일어날 것이라고 생각하십니까?

솔레리 그것은 모두 시간을 어떻게 관리하느냐의 문제입니다. 200년 안에 모든 사람들이 우리가 세운 도시에 올 것이라고 말하는 것 자체로 충분하다고 생각합니다. 우리에게 남겨진 시간은 많지 않지만 사람들이 마음의 결정을 내리게 할 시간은 여전히 충분합니다. 반대로 개념 자체는 다시 출현하기 전까지 많은 세대가 지속되는 동안 땅속에 묻혀버릴지도 모르죠.

학회지 이 점에서 당신은 비판적 측면을 느끼지 않으세요?

솔레리 물론 비판적이라고 생각합니다. 우리가 이렇게 비약적인 도약을 하는 것 자체가 비판적인 일입니다. 우리 자신을 파괴하지 않으면서도 환경에 대해 일관된 자세를 가지는 유일한 방법이 이것이라고 생각합니다. 우리 삶의 일부분이기도 한 화려한 소비의 분위기 안에서 태어났기 때문에 우리 자신을 채찍질하지 않으면 이러한 교훈을 배우게 될 수는 없을 것입니다. 그러나 기술이 우리에게 준 장점들을 올바르게 유지하는 유일한 길은 이러한 비약적인 도약밖에 없습니다.

학회지 결론적으로 말해, 이 순간 세계에서 볼 수 있는 가장 희망적인 징후는 무엇이라고 생각하십니까?

솔레리 우선 집단과 집단을 서로 고립시키는 많은 경계벽들, 많은 칸막이들이 부서지고 있다는 점입니다. 그리고 정보의 네트워크가 형성되고 있습니다. 현재 그것을 대폭적으로 활용하고 있지는 않아 보이지만 적어도 지구 반대편에서 무슨 일이 일어나는지 알려 줄 도구는 가진 셈입니다. 만일 기술을 취한 다음 그것이 인간으로 하여금 무엇을 할지 결정해 주는 것이 아니라 기술이 인간을 위해 뭔가를 하도록 만들 수 있다면 우리는 도약을 위한 준비 단계에 곧 접어들게 될 것입니다.

학회지 당신에게 가장 심각한 의구심을 불러일으키는 것은 무엇입니까?

솔레리 질주하는 악성 기술입니다. 우리가 획득한 권력을 통해 얻는 의기양양함과 진화 과정을 통해 축적된 자원들의 파괴가 그것입니다. 저는 이것을 완전히 제거되어야 할 잠재적 정신으로 보며, 그 과정은 돌이킬 수 없는 일이라고 생각합니다. 이러한 일은 한 번밖에 일어나지 않습니다. 모든 일에는 시간의 홈이라는 것이 존재하며, 에너지들을 축적하는 시간의 홈은 과거에 있습니다. 우리가 당면한 가장 심각한 문제는 기술에 대한 강렬한 열망, 즉 실현 가능한 것들은 무엇이든지 하려는 욕망이라고 생각합니다. 바람직한 것과 실현 가능한 것

사이에 엄연한 차별을 두어야 합니다.

학회지 물론입니다.

솔레리 우리는 이 차이를 간과하고, 생산한 것은 무엇이든 팔 수 있음을 압니다. 그 결과는 무엇일까요? 실현 가능한 것은 무엇이든 만들어지고 있습니다. 바람직한 것에 관심을 두어야 할 시간에 실현 가능한 것이라는 이유만으로 우리는 재앙적인 쓰레기 더미들을 만들어 내고 있습니다. 저는 이 현상을 '더 교묘해진 오류'라고 칭하고 있습니다. 우리는 아주 숙련되어 가고 있습니다. 즉 잘못된 것들을 더 교묘하게 잘 해나가는 데 익숙해진 것입니다.

아르코산티

공평성을 담는 공간

조나단 프레슬러(Jonathan Pressler)는 1973년 코산티에 있는 작업실에서 파울로 솔레리와 대담을 나누었다. 『누스피어(Noosphere)』 1-1권으로 출간된 이들의 광범위한 대담은 솔레리가 가지고 있는 지식과 아르콜로지에 그것이 어떻게 표현되어 있는지 이해하는 데 반복적으로 중점을 두고 있다.

❦

프레슬러 당신의 책 『아르콜로지』를 읽고 난 후 저는 아르콜로지가 무엇인지 잘 알게 되었습니다. 그러나 이 책에서 그 아이디어가 어떻게 발전하는지에 관해서는 설명되어 있지 않습니다. 메사 시티 계획안에 대해 들어본 적 있는데, 제가 상상하기에 그것이 전형적인 아르콜로지가 아닌가 싶습니다. 메사 시티와 그것이 아르콜로지 개념을 이끌어 내게 된 작용 방식에 대해 설명해 주시겠습니까?

솔레리 메사 시티에 대한 의제를 저 자신에게 던져 보았습니다. 토론에 관심을 둔 이후에 저는 메사라는 이론적인 황무지를 가정해 보면서 출발했습니다. 대개 그 땅은 바위투성이의 건조 지대입니다. 바람이 휘몰아치는 고원이기 때문에 비옥한 토양이라곤 거의 없습니다. 그러나 이 고원들은 아주 아름다운 곳일 경우도 종종 있습니다. 그래서 저는 그곳을 시작점으로 삼았습니다. 아르콜로지 개념이 어떻게 발현될지 정확히 알지 못했지만, 언어적 장치가 때론 이념들을 유발시켜 주기도 합니다. 적어도 제 경우는 그랬습니다. 어느 날 저는 '아르콜로지'란 이전에 강조되지 않았던 무언가를 강조하는 용어라고 결론지었습니다. 수개월 동안 메사 시티에 매달려 작업해 나간 후, 저는 주된 문제 즉 사람과 사물 사이에서 이루어지는 모든 각양각색의 상호 접촉 방법을 포함한 정보 문제 앞에서 굴복하지 않으리라는 점을 내내 느꼈습니다. 그리고 그때 제가 디자인한 정보구조가 진행시켜 나갈 수 있는 최상의 모델은 아니라는 점이 점점 더 강하게 드러났습니다.

문제를 좀 더 근본적인 방식으로 접근하고 나서 거리가 중요한 변수라는 데 이르렀습니다. 정보 소통이 문제의 핵심이었습니다. 만일 환경이 정보에 적합한 이상적 상태로 되려면, 완전하면서도 모든 것을 망라하는 지식을 가질 수 있도록 정보의 원천들과 거점에 접근할 수 있어야 합니다. 이 말의 의미는 구현(presence)을 포함한 정보들을 습득할 수 있는 장치들이 필요하다는 것입니다. 구현의 의미는 두 정보 센터인 사람과 사람 사이의 실질적인 상호 관계를 말합니다.

따라서 직접적인 환경 정보가 필요하며 모든 종류의 정보 또한 필요합니다. 이 정보들은 테이프 레코드와 같은 장치에서 얻는 것처럼 아주 섬세하고 복잡한 성격을 가질 것입니다. 이 두 가지를 모두 얻기 위해서는 생생하고 친밀한 환경이 수반되어야만 합니다. 그러한 곳은 도시 구조가 삶의 기반인 환경을 위한 기초로 작용합니다. 다른 사람들에 대해 무언가를 알고 싶고 할 수 있는 한 많은 것들을 알고 싶다면, 장거리 장치를 통한 소통을 넘어서려고 시도해야 함은 너무도 자명합니다. 사실 사람들은 타인과 함께 살고, 되도록이면 많은 사람들을 주변에 두며 살려고 합니다. 이것들이 바로 제가 말하는 환경 정보입니다. 작고 완전한 도시인 아르콜로지는 모든 차원에서 정보가 전달될 수 있는 가장 살아 있는 환경이 될 것이라고 생각합니다.

프레슬러 『아르콜로지』에 어떤 구절이 있는데, 저는 그것이 아르콜로지의 목표를 가장 잘 표현한 부분이라고 생각합니다. 당신의 그 지적에 따르면, "만일 사회가 자연과 신자연(인공)의 경계선에 사람을 둘 수 있고 동시에 사람을 생기에 넘치는 도시민으로 유지시킬 수 있다면, 고독한 개인인 인간이 자신의 정체성을 추구하고 찾아낼 수 있는 접점이 바로 그곳에 있을 것이다. 따라서 하나의 도시인 아르콜로지의 목적은 인간을 좀 더 책임있는 도시민으로 만들면서도 자연 현상과 인공 현상이라는 두 강의 가장 좋은 물줄기의 합류점에 거함으로써 좀 더 창조적 개인으로 만드는 일이 아닌가 싶다."고 했습니다.

솔레리 네. 당신의 그 의견에 동의합니다. 그러한 상황 하에 있을 때 명확한 창조성의 잠재력이 생깁니다. 확실히, 삶을 개선하기 위해서는 도전들이 필요하며 그 도전들은 때론 우리의 감각을 속이기도 합니다. 따라서 우리의 감각이 균형을 이루면서도 다양한 방식으로 자극되면 될수록, 감지한 것들을 잘못 해석할 가능성은 더 낮아집니다. 인공과 자연의 경계에서 우리가 대면하게 될 다양한 정보 속에는 인간을 창조적 방향으로 유도할 수 있는 도전들이 존재합니다.

세 가지 가능성이 있습니다. 우선 인간을 이른바 자연 상태로 복귀시키는 것이고, 다른 하나는 완전히 인공적인 조건에 처하게 하는 것이고, 나머지 하나는 그 두 상태의 경계에 위치시키는 것입니다. 이 세 가지 중에서 어떤 것이 진화하기에 가장 좋은 조건인지 합리적으로 규정해야만 합니다. 그것은 자연과 신자연 모두에 접근할 수 있는 길이여야지 어느 하나에만 귀결되는 다른 두 가지 상태여서는 안 된다고 주장하고 싶습니다.

프레슬러 예전에 당신이 종종 거론한 논제 중 하나는 진화로서의 소형화 개념입니다. 당신은 심지어 이렇게까지 말했습니다. "'소형화하라 아니면 죽음뿐이다'라는 말이 기초적인 삶의 열쇠가 되는 법칙이었다." 이것은 다소 극단적인 입장으로 여겨집니다.

솔레리 글쎄요. 저는 너무 완만한 표현이라고 주장하고 싶은 걸요. 아마도 "소형화하라. 그렇지 않으면 죽음뿐이다."이지 않을 수도 있겠지만 소형화하지 않으면 탄생, 즉 적어도 진화하는 창조물의 탄생은 있을 수 없습니다. 진짜 생명은 진화하는 생명입니다. 원생동물 같은 종류들은 살아남을 것이며 인간조차 생존할 수 있다는 점은 분명합니다. 이 경우를 거론하며 "소형화하라. 그렇지 않으면 죽음뿐이다."라는 생각을 사람들은 비웃을지도 모르죠. 원생동물이 소형화의 힘이 발휘된 사례이기도 하기 때문입니다. 그러나 그것은 흥미로운 차원일 뿐 진화와 관련된 생존은 아닙니다.

프레슬러 무슨 말인지 알겠습니다. 그러나 아르콜로지에 있어 소형화된 물리적 환경 즉 유기체로 도시를 소형화하는 생각에 대해 지금 논의 중입니다. 도시라는 유기체를 구성하는 인간 유기체들이 고통을 받게 되는 상태를 넘어서는 지점, 즉 진화 과정의 어떤 한계점이 존재하는 것은 아닌가요?

솔레리 진화론자로서 저는 유인원이 그 고유한 신경 시스템 내에서 환경보다 더 잘 소형화하고 복잡화할 수 있었기 때문에 인간이라는 상태로 발전했다고 믿습니다. (비록 그것을 의식하지는 못했지만, 그 능력은 갖추고 있었다.) 우리가 현재 한계에 다다르고 있다고 말하는 것은 뭔가 진실하지만 우리가 아직 알지 못하는 것에 대한 지적과 마찬가지입니다. 이 지점(인간이 되는 시발점이 더 이상 생명만은 아닌)에서 인간은 외부의 기술적 환경의 발전을 통해 새로운 소형화 단계로 접어들었습니다.

프레슬러 풍부함을 위한 가능성이 존재하려면 소형화가 필요하다는 말인가요?

솔레리 그렇습니다. 소형화는 항상 풍부함을 이끌어 냅니다.

프레슬러 소형화에 대한 이야기를 계속하면서 정부라는 주제로 넘어가 보겠습니다. 만일 소형화된 상태가 가장 효율적인 상태라면 가장 비효율적이며 답답한 정부 형태인 민주주의의 여지는 어디에 남습니까? 소형화는 기술 지배의 지배체제를 의미하는 것은 아닌지요?

솔레리 반드시 그렇지는 않습니다. 소형화의 균형을 잡는 일이 중요합니다. 한 분야에서 너무 많이 소형화하고는 다른 분야에서 이와 동일한 속도를 유지하지 않는다면, 그 창조물인 사회의 균형을 유지할 수 없습니다. 균형 잡힌 방식으로 모든 분야에 접근할 수 있는가가 관건이라고 생각합니다. 이 지점에서 문제는 자본주의와 관련된 문제가 될 것입니다. 모든 정치적인 상황에서 일반적으로 관건은 괴물 같은 것을 만들지 않고도 가장 효율적인 조건을 가져오기 위해 많은 방향으로 접근해야만 한다는 점입니다.

소형화는 효율성의 증진을 의미하지 않습니다. 히틀러 체제는 많은 면에서 아주 효율적이었지만, 효율성을 증진시켜 그 무엇보다 더 괴물적인 모습이 되는 데 우선점을 두었을 뿐입니다. 예를 들어, 물리적인 차원의 복지 국가를 이루기 위해 시도하는 것도 훌륭한 측면을 가지고 있지만, 나치의 이론에 따르면 이 생각은 사회적으로 건강하지 못하다고 여겨지는 사람들을 제거해야 한다는 사상에 기반하고 있습니다. 따라서 균형 잡힌 발전을 불가능하게 만드는 기본적인 모순들이 존재합니다. 이러한 접근으로 무엇을 추구하는지 관계없이 말입니다. 효율성이 주는 위험은 그것이 생명과 관련 없는 독립적인 영역으로 다루어진다는 점입니다. 사람들이 효율성에서 어떤 이상을 이끌어 내려고 한다는 사실은 너무도 위험합니다. 이럴 때 효율성은 수단으로 남아 있지 않고 목표 자체가 되어 버립니다.

프레슬러 자연은 동적 평형, 즉 그 요소들의 조화를 유지하고 있다고 지적하셨습니다. 이 역사의 위기에서, 평형 상태를 파괴할지도 모르는 인간의 활동이 물리적으로도 파괴되어 가고 있음은 물론 윤리적으로 잘못되었다고 말하고 싶은 건가요? 그렇다면 공평성과 조화가 서로 양립될 수 있을까요?

솔레리 공평성이 중요하다는 점은 우리 모두 깨닫고 있습니다. 아무리 위선이 넘치는 경우라도 모든 나라는 사회에 공평성을 세워야만 한다는 구실들을 내놓고 있습니다. 그러나 합일을 거쳐서 정립되지 않으면, 공평성을 세우는 일은 진정한 자비의 차원을 가지지 못하게 됩니다. 환경 속의 부조리 때문에 성인들이 사멸해 간다면 성스러운 사람들의 국가를 세운다는 것은 소용없는 일이라는 말입니다. 따라서 진정한 공평성이란 합일 하의 공평성일 뿐입니다.

정말 자비로운 사회는 생태학적 합일 속에서 우러나는 공평성을 겸비한 사회입니다. 결국 합일되지 않은 행동은 부도덕한 행위가 되는 셈이죠. 싸움에서 패배할 때조차도 다른 사람들을 여전히 도우며 살아가는(다른 많은 싸움에서 승리할 수 있는) 사회적 실천가가 경건한 사람의 한 사례일 것입니다.

교외로 도시민들을 대거 이전시키는 것을 멈추는 일이 어쩌면 이 사회가 재생하는 데 필요한 자비로운 방법 중 하나가 될 것입니다. 도시를 비워냄으로써 미국 사회는 우리가 상상할 수 있는 가장 혁신적인 행동을 하게 될 것입니다. 왜냐하면 그것은 새로운 종류의 발전이 이루어진 무대를 제공하고 있기 때문입니다. 그것은 흩어진 사회가 내파되면서 새로운 센터가 될 것입니다. 집단적 대이동과는 정반대의 일입니다.

프레슬러 아르콜로지에서 무엇보다 중요하고 정보의 흐름과 관련된 핵심적인 또 다른 아이디어는 도시민을 위한 도구로써 과거의 정보를 저장할 수 있는 중앙 집중의 중추부입니다. 이 기계적 뇌기능과 수천만 민중들의 개별적인 마음들이 모여 할 수 있는 일 사이에는 차이점이 있다는 것을 지적하려는 것인가요?

솔레리 컴퓨터는 정보를 모으고 처리하는 기계라고 할 수 있습니다. 또한 그것은 도시의 논리적 구조를 통제할 수 있는 효율적인 도구가 될 수도 있습니다. 그러나 인간의 마음은 이보다 더 큰 일을 할 수 있고 정보를 지식으로 전환시킬 수 있는 또 다른 기계입니다. 따라서 전자, 즉 컴퓨터는 전문화된 정보의 담지체이고 후자인 정신은 지식을 창출해 내는 부가적인 능력을 갖춘 정보의 담지체가 될 것입니다.
예를 들어, 도서관에 가서 사과에 대한 정보들을 모으기 시작할 수 있습니다. 그러나 사과 그 자체에 접근할 수 있는 여지는 박탈되었다고 가정해 봅시다. 그리고 이러한 박탈이 결정되어 버린 것이라면 사과에 대해서 아는 것은 그저 정보에 그치고 말죠. 그러나 사과를 가져와서 먹는다면, 혹은 열매를 맺을 때까지 나무를 보면서 자라나는 과정을 지켜본다면 근본적인 특질에 대한 직접적인 경험을 맛볼 수 있습니다.

제가 말하고 싶은 바는 환경에 관한 의식은 지식으로 발전될 필요가 있다는 것입니다. 만일 당신이 지식에 이르지 못하고 멈춘다면, 그저 분석적인 사람으로 남아 있는 편이라면, 여전히 정보만을 다루고 있을 뿐이라고 말해 주고 싶습니다. 사물들을 응집시킬 수 없고 끊임없이 그것들을 서로 분리시키려고 하기 때문에 전체 아이디어를 적당히 외삽시킬 수 없게 됩니다. 따라서 사물이 무엇인지 알아내는 지식 단계의 의식에 도달하는 데 있어 종합하는 정신보다 더 문제가 되는 것은 분석적 정신이라고 주장하고 싶은 거죠. 결과적으로 제가 말하고자 하는 바는 컴퓨터는 사과를 맛볼 수 없다는 점입니다.

이 사실은 분석적 정신과 종합적 정신, 데이터의 쇄도와 지식 자체 사이의 큰 간극을 지적하고 있습니다. 분석적인 사람은 정보에 능통할 수 있으나 창조성에 이르는 원천들에 너무 둔감해집니다. 또 다른 어떤 이는 얼마 안 되는 데이터를 가졌지만 창조적일 수 있습니다. 음악 분야에서도 이것은 아주 자명하다고 생각합니다. 왜냐하면 위대한 작곡자들 중 몇몇은 젊었을 때 대작을 작곡했기 때문입니다. 이들이 엄청나게 많은 양의 정보를 가졌으리라고는 누구도 말하지 못할 것입니다. 그들의 지식이 아주 견실하기 때문에 있을 수 있는 일입니다. 지식이 의미하는 것은 그들의 경험이 아주 심오하고 강렬하다는 말입니다. 모든 데이터를 흡수하면 자동적으로 더 훌륭한 사람, 더 창조적인 사람이 될 것이라는 생각에 저는 몹시도 회의적입니다. 데이터와는 다른 무엇인가가 있고, 이 무엇인가는 거의 감지되지 않는 것이기에 그것에 대해 말하거나 논의하고 무시해 버리거나 탐구하는 일은 아주 어렵습니다.

자료를 통해 어느 정도 고민을 해야만 합니다. 만일 제어 탁자에 앉아 자료들을 계속해서 꿀꺽 삼켜 버리고 소화시키지 않는다면 아주 피상적인 상태에 머물러 있을 뿐입니다. 먹고 싶은 생각 없이, 사과를 집지 않고서는, 코로 그 냄새를 맡지 않고서는, 입으로 그것을 맛보지 않고서는 사과가 무엇인지에 대한 지식에 도달할 수 없음을 이해하려고 노력해야 합니다. 이 두 가지 방향에 죽은 정보와 살아 있는 정보의 차이가 존재합니다. 만일 환경에 대한 어떠한 정보도 알지 못한 채 컴퓨터 속에서, 혹은 공식이나 자료로부터 사과라는 개념을 만들어 낸다면, 플라스틱으로 된 사과도 사과로 이해할지도 모릅니다. 그것은 사과처럼 생겼지만, 궁극적으로 사과는 아닙니다.

프레슬러 당신이 제안한 도시에 대한 흥미로운 질문은 이러했습니다. 그것은 아무렇게나 동요하도록 도시를 내버려 두지 않고 끌어당길 문화적 위력이 될까요? 혹은 오늘날 도심에서 목격하는 스프롤 현상으로 도시를 팽창하지 못하게 하는 물리적 구조가 되어야만 할까요? 정부나 산업 분야에서 아르콜로지의 물리적 구조를 세워나가는 것도 괜찮고 좋은 일이지만 무엇인가를 세우는 일과 그곳에서 삶을 엮어

나가는 것은 별개의 일입니다.

솔레리 의심의 여지없이 합일된 환경에 이르는 동정심과 지식은 한 동물(도시)이 자기통제에 이르러야 됨을 보여 줍니다.

프레슬러 맞는 말입니다. 그러나 만일 너무나도 끔직한 작업환경에 처해 일하는 생활과 사적인 생활 사이에 가능한 한 큰 거리를 두고자 한다면, 탈출하고자 하는 즉각적인 욕구로 인해 합일된 환경에 대한 미약한 관심에서 마저도 멀어집니다. 교외 지역은 이런 종류의 갈등에 휩싸여 있습니다.

솔레리 그곳에서 내적인 합일은 불가능합니다. 바로 그 때문에 봉쇄된 이 지역을 거부하고 다른 곳으로 이주하는 것입니다. 껍질을 터트리지 않고 분산시키도록 사람들에게 요구하기 전에는 내적인 합일에 이르는 것은 분명히 어려운 일입니다. 만일 담지체가 제대로 되려면 (그리고 사리에 맞는 담지체를 세우는 것은 쉽지 않다.) 그 물리적 경계에 의해 규정되는 한계들을 인정해야만 합니다. 그것뿐만이 아니라 인공과 자연을 자유자재로 넘나들 수 있을 정도로 충분히 작은 꾸러미처럼 도시를 만들 필요가 있다고 생각합니다. 생물이든 초생물적 존재이든 간에 모든 유기체의 크기에는 한계가 있습니다. 이렇게 엄연한 사실에서 도시도 예외가 될 수 없습니다.

프레슬러 그렇다면 사회 제도는 도시 담지체의 한계로서 그 틀을 잡고 있어야만 하나요?

솔레리 그렇습니다. 하지만 뭔가를 담아내는 일은 고립이나 격리를 의미하지 않음을 명심해야 합니다. 사람들이 피조물의 생동력을 낙관하려고 노력한다는 점에서 볼 때 사실상 그 반대의 의미에 더 가깝습니다.

프레슬러 만일 현대 인간을 이 땅에 필요한 것을 구제하라는 수임을 가졌던 노아와 비교하는 유추를 고려해 본다면, 아르콜로지는 '방주'에 해당합니까?

솔레리 글쎄요. 생존 자체는 제 관심사가 아닙니다. 생존에 대해 신경을 쓰지 않는다는 것이 아니라 어떤 일을 하는 유일한 이유가 생존이라면, 저는 상당히 자포자기의 느낌을 받는다는 말입니다. 이 점에서 저는 노아의 방주는 바로 지구라고 말하고 싶습니다.

프레슬러 그렇다면 아르코롤지는 방주보다 훨씬 더 큰 무엇인가요?

솔레리 그렇습니다. 그것은 보호되어야 할 닫힌 공간이 아닙니다. 그것은 진화하는 어떤 시두인 셈입니다. 방주는 위기를 헤쳐기기 위한 비상 장치였지만, 생명이 있는 존재들의 다발이 필요함을 드러내 주는 아르콜로지는 비상장치가 아닙니다. 그것은 방향을 제시해 주는 방법론의 사례입니다. 아르콜로지를 방주로 보는 견해에는 그것 역시 생존에 필요한 장치이며, 환경을 위협하는 긴급한 사태들이 새로운 무엇인가를 출현시키도록 촉구한다는 사실이 담겨 있습니다. 생존 장치로서의 아르콜로지는 더 나은 생명 구조로서의 아르콜로지를 의미합니다.

프레슬러 미래 세대들이 당신을 이상주의자라고 여길지도 모른다고 생각하십니까?

솔레리 잠시 당신이 두 가지 현실을 투사해낼 수 있다고 가정해 보세요. 하나는 아르콜로지가 존재하는 현실이고, 또 하나는 그것이 그저 개념에 멈추어버린 현실입니다. 아이디어가 실현된다면, 구체적인 기능을 담당할 실제물이 될 것이기에 분명히 이상주의자로 여겨지지 않을 것입니다. 그러나 그 이념에 대한 구체적인 사례가 전혀 없는 또 다른 상황에서는 이상주의자로 판단될 것입니다. 따라서 당신의 질문은 우리가 미래를 어떻게 건설하느냐는 것에 달려 있다고 생각합니다. 우리는 어떻게 해서든 그것을 세울 수 있고 이념을 구체적인 현실로 만들어 낼 수도 있고, 이념을 그저 이상주의자 손에 넘기는 또 다른 과정을 밟을 수도 있습니다. 우리를 어떤 방향으로 끌고 나갈지 저는 알지 못합니다.

코산티의 원통형 볼트

생존과 초월 사이에서

이 대담은 1982년 코산티에서 이루어졌으며 마이클 고스니(Michael Gosney)가 편집한, 저명한 사상가들과의 대담집인『딥 이콜로지(*Deep Ecology*)』에 자세하게 실려 있다. 대담자 여섯 명의 다양한 관심 사항들을 반영하고 있는 이 대담은 예술에서부터 환경, 의식의 본성에 이르는 복잡한 아이디어들을 광범위하게 다루고 있다.

파울로 솔레리는 이탈리아 튜린에서 태어났으며 이탈리아에서 건축학 박사학위를 받았다. 그는 1956년부터 애리조나에서 살면서 일했다. 솔레리는 건축가이자, 철학자이며 공예가이다. 그는 아르콜로지라는 혁신적인 도시계획과 도기와 풍경 디자인, 조각을 통해 세상에 알려졌다. 그와 함께 대담에 참여한 사람은 다음과 같다.

마이클 토비스(Michael Tobis)는 산타크루스에 있는 캘리포니아 대학에서 박사학위를 받은 다트머스 대학의 전 환경학부와 인간학부 조교수였다.

마이클 고스니는 다양한 방면의 인맥을 가진 작가이자 예술가이며 『아방 북스(Avant Books)』의 발행인이기도 하다.

토니 브라운(Tony Brown)은 아르코산티에서 7년 동안 주택 부문의 건축가로 활동했다.

로버트 라딘(Robert Radin)은 대단위 농업과 섬유산업, 저소득층 주택 분야의 전문 지식을 갖춘 기업가이다.

에드 록스버러(Ed Roxburgh)는 국제적으로 인정받은 작품을 냈으며 캘리포니아를 중심으로 활동하는 화가이다.

복잡성과 혼재성

토비스 파울로 솔레리와 아르코산티라는 이름을 들었을 때 바로 드는 느낌은 유토피아, 사회주의, 미국의 오래된 향락주의에 반대하는 공동생활의 요구 등입니다. 윤리적인 측면에서, 생태학적 측면에서 미국에 대해 아르코산티가 어떤 질문을 던지려는지 알고 싶습니다. 핵심적인 질문들을 바로 드리겠습니다. 당신이 작업하고 있는 것은 무엇입니까? 그것은 어떤 방식으로 이루어지죠? 그것에 어떻게 접근하는지요? 이것이 미래를 위한 길이라고 느끼게 만든 요인은 무엇입니까?

솔레리 우리가 만일 미국에 문제를 제기하며 시작했다면(서양 사회인 유럽이나 캐나다의 경우도 거의 유사하겠지만), 제가 처음으로 살펴본 점은 실용적인 것과 실재적인 것이 서로 결합되어 있는가였습니다. 불행히도 그 결과는 그리 긍정적으로 나타나지 않을 때가 많았고, 진실되고 중요한 것과 실용정신에 의해 추구되는 즉각적인 이득이나 즉각적인 결과 사이에 차별을 두고 있지도 않았습니다. 마치 아픈 것만을 치료한다고 해서 의료 문제가 해결되었다고 믿으며 허세를 부리고 스스로를 기만하는 듯합니다. 우리는 무언가를 분리시킨 상태에서 분석한 후 "유레카! 이제 문제가 해결되었다."라고 생각합니다. 실용적인 정신이 잘 발휘되어 나올 수 있는 결과가 무엇인지 드러내 주는 지적이라고 생각합니다. 그 조력자는 기술입니다. 기술은 해결점을 찾기 위해 분리해 낸 문제들을 제한된 방식이지만 아주 효과적으로 풀어내는 것으로 여겨집니다.

전반적인 현실에 대해 몇 가지 알아낸 통계들에 만족하며 우리는 바람직한 현실이 무엇인지 놓치고 맙니다. 그것은 부분들의 단순한 합계가 아니라 부분들의 총합 그 이상의 무엇입니다. 실제적인 것들은 분석적인 조사 능력을 재고하게 만듭니다. 종합하여 엮어 내지 않고 분석의 맥락 하에 나온 답들은 전혀 답이라고 할 수 없습니다. 왜냐하면 문제를 아우르며 대처해 낼 수 없는 것들이기 때문입니다.

토비스 실용적인 정신이 놓쳐 버린 그런 큰 차원의 문제들에 대한 단서들 중 마음속에 바로 떠오르는 것들은 무엇입니까?

솔레리 우리에게 점점 더 가까이 다가오고 있는 생태학적 재앙은 확실히 우리의 힘으로 어찌 해 볼 도리가 없는 실용적 문제의 단적인 사례입니다. 제가 농부라면 50에이커의 땅을 일구며 평온하게 일을 할 것이고, 나의 질서 정연한 작은 땅덩이를 둘러싼 혼돈들을 알아채

겠지요. 따라서 이것은 무질서를 희생하여 만들어진 기원적 엔트로피(genentropy)의 오래된 이야기입니다. 내가 어디에서 왔는지 좀 더 많이 알아야만 합니다. 미래에 대한 일을 다룰수록, 과거가 어떠했는가를 더 잘 알아야 합니다. 이렇게 하지 않으면 미래를 위해 무언가를 할 수 있는 방도는 없을 것입니다.

토비스 당신이 방금 거론한 '다루다', '알다'라는 동사의 의미를 어떻게 생각하십니까?

솔레리 '다루다'는 아직 존재하지 않는 무언가를 이행하는 과정입니다. 그것은 기대감이고 소망이며, 기획(plan)이라는 말로 불릴 수 있을 것 같군요. '앎'이란 말은 이미 현시되었고 또 어딘가에 저장되어 있는 무엇인가를 인지하거나 합리화하는 것입니다. 따라서 뭔가를 구상하려면 저는 그 기획을 창안해 내고 실행하기 위해 정교하게 다루어야 할 현실이 어떠한지 알아야만 합니다. 만일 사용하게 될 기본 요소들이 무엇인지 모르면, 내 구상은 한층 더 추상적이다 못해 자의적으로 될 것입니다. 그러니 자기 자신의 뿌리에 대해 가질 수 있는 것이라면 그 어떤 종류의 지식도 뭔가를 새롭게 내놓기 위해서 중요한 사항입니다.

토비스 시간을 거슬러가 회상해 보면, 당신의 작업에서 중점이 된 미래의 조화를 암시하고 이끌어 냈던 어떤 모델을 역사의 어느 시기에서 발견할 수 있습니까? 중세의 유럽이나, 수렵 사회나 취락 사회,

르네상스 시대 등에서 그런 시기를 찾았나요?

솔레리 질문에 답할 수 있도록 역사를 좀 알아둘 걸 그랬군요. (모두 웃는다.) 어떤 면에서 보면, 그 어떤 종교적인 모델도 현실을 만드는 일에 동참하기 위해 제가 필요로 하는 모델의 요소들을 어느 정도 함축하고 있습니다.

토비스 그것은 미래입니까?

솔레리 네.

고스니 윤리적이며 도덕적인 모델은 종교에 의해 야기된다는 말인가요?

솔레리 물론입니다. 또한 무언가를 실행하게 만드는 규범들의 모델을 이행하는 차원도 마찬가지입니다. 아주 재미있는 일 혹은 아주 재미없는 일은 제가 항상 이 모델들을 취하여 이런 방식으로 바라본다는 점입니다. 왜냐하면 제가 아는 한 이것들은 양 극단에 있기 때문입니다. 그래서 그것들을 취하여 뒤집어 놓게 되면 이해되기 시작합니다.

토비스 어떤 방식으로 말이죠?

솔레리 만일 원래부터 절대적이고 완벽했던 그런 현실에 직면한다면 저는 그것을 이해하고 거기에 의미를 부여하고 어떤 차원에서도 그 합법성과 정당성을 거론하기란 굉장히 어려울 거란 생각을 하기 때문입니다. 시작이 완벽하다면 이런 모든 안달들이 무슨 소용이 있겠습니까? 시원으로 거슬러 가 보죠.

고스니 그것은 우리가 지금 회기하고 있는 물리적인 세계와 전혀 다른 정신적 차원의 궁극적 현실, 시원의 정신적 현실에 대한 모델의 몇몇 유형이 될 수 있을까요?

솔레리 그것은 제가 시간을 허비해 다루고 싶지 않은 이원론일 뿐입니다. 정신이 물질을 낳았고 물질은 결코 정신으로 소급될 수 없다는 몰락의 사고는 내겐 아주 자의적인 것으로 여겨집니다. 우리는 분명히 물질로 이루어져 있고 오류투성이임을 알기에 무엇인가 되고 싶은 물질의 본성을 저는 설명할 수 있습니다. 물질 자체임이 행운이라고 말하고 싶습니다. 왜냐하면 아무리 오류투성이라 해도 물질을 통해서만 저는 존재할 수 있기 때문입니다. 물질에서 오류를 많이 없애 버릴 수 있는 방식을 왜 시도하고 찾아내고 이행하려 하지 않는 거죠? 이 일을 통해 정신에 이를 수 있는데 말입니다.

라딘 무질서를 그대로 유지하고 그것을 파괴되도록 내버려 두고, 그 잿더미로부터 50에이커를 둘러싸는 새로운 무언가를 희망할 필요가 있습니까?

솔레리 아무리 희생이나 비용을 많이 치르더라도 질서를 만들어 내야 한다는 생각에는 동조하지 않습니다. 이 50에이커의 땅은 주변 대지의 일부라고 믿습니다. 전체 시스템의 복잡성 정도가 높아진다면 대체로 일은 긍정적인 방향에서 이루어질 것입니다. 마찬가지로, 그 복잡성 정도가 감소된다면 사태는 안 좋게 진행될 것입니다. 그렇다면 전체 시스템이란 무엇일까요? 좋은 질문입니다. 우리는 전체 시스템을 잠시 존재할 이 행성에 한정하는 경향이 있다고 생각하는데요. 자신과 타인, 나무나 그 외 모든 것이 서로 교류되어 생물권이나 인지권이라 명명되는 곳의 복잡성이 커지게 된다면, 더 나은 것을 향한 길을 밟을 것입니다.

토비스 복잡성을 어떻게 정의하십니까?

솔레리 참여자들의 상호 교류로부터 생기는 활기의 정도라고 할 수 있습니다. 복잡성은 제가 '활기', '의식', '감수성'이라고 부르는 것과 궁극적으로 같은 말입니다.

라딘 모든 것들이 강제로 동참해야만 한다는 말인가요?

솔레리 아니요. 하지만 모든 것들이 서로 관련성을 맺고 있는 중입니다. 강제적이든 그렇지 않든, 동참하는 것은 피할 수 없습니다. 왜냐하면 시스템이 종국에는 하나의 시스템이 될 수 있도록 충분한 상호의존과 상호 독립이 이루어지고 있습니다.

브라운 파울로 씨, 부정적인 복잡성이란 것은 없다고 생각하십니까?

솔레리 네. 그것은 복잡성보다는 혼재성이라 부르고 싶습니다.

브라운 하지만 어느 면에서 복잡성은 계속 진행되는 하나의 과정입니다. 이것은 단순한 사례 중에 하나일지도 모릅니다. 그러나 근대의 기술적 복잡성으로 인해 생물권이 오염되는 지경에 이르렀습니다. 이것은 물질세계와 인간의 상호 교류를 통해 얻어진 복잡성의 형태입니다. 이것을 결국 긍정적인 것이라고 생각하십니까?

솔레리 어쩌면 제가 약간 다른 방식으로 해석하는지도 모르겠군요. 가령, 심리적이며 정신적 유기체입니다. 그리고 카메라와 일하는 데 필요한 모든 도구를 가지고 있습니다. 그건 복잡성이 부가된다면 복잡성 자체를 감소시키는 결과가 나올 것이고, 저는 부정적 과정에 직면할 것입니다. 카메라에 너무 중독되어 그것 없이는 볼 수 없게 되어도 당연할 것입니다. 바로 이 순간 저는 장애를 가지게 되겠지요. 나의 감각과 감지하고 감상하고, 환경을 이용해 뭔가를 만들어 내는 능력은 위축될 것입니다.

브라운 개인의 복잡성이라는 논제를 사회적 차원의 복잡성에 대한 논제의 쟁점으로 보십니까? 가령, 우리가 모두 컴퓨터 단말기에 접속해 버리면, 개인에겐 그저 단순한 일이지만 전반적인 사회의 면에서는 아주 복잡한 문제가 될 것입니다. 혹은 전체 사회의 복잡성이 증가되는 데 아주 중요한 요인이 개인의 복잡성, 정신성, 의식의 증가라고 생각하십니까?

솔레리 그 답은 무엇이 일어나고 그것이 어떻게 일어나는지 찾아내는 예리한 분석들을 통해 찾아질 수 있습니다. 그러나 가장 섬세한 복잡성을 얻기 위해서는 부분과 전체 모두 복잡성을 최대한 수용할 수 있는 상태에 도달해야 한다고 생각합니다. 기술이 명확히 해내는 일 중 하나는 복잡성을 파괴한 뒤 아주 협소한 영역에서만 뛰어난 효율성을 발휘하는 난삽한 장치들을 내놓는 점입니다.

브라운 그렇다면 기술을 제어하기 위해 우리가 생태학적 운동을 시작해야 한다는 것에 동의하는 셈이군요. 이 행성에서 삶의 질을 악화시키는 대표적인 요인이 기술이라고 생각하십니까?

오염

솔레리 새로운 기술 장치가 추가되면 고도의 복잡성에 이르게 될 것이라고 추정하기만 하면서 너무 무관심한 태도로 일관하고 있는 건 아닌지 모르겠습니다. 시스템을 풍요롭게 하지 않고 빈곤하게 만드는 편한 길을 택하거나 무시해 버리는 것도 어쩌면 당연해 보입니다. 가령 작은 물고기들이 희생되기 때문에 댐을 짓지 말아야 한다는 말을 들었을 때, 재차 생각해봐야 한다고 봅니다. 오늘은 작은 물고기를 희생시키고 다음날은 작은 개구리를 희생시키게 된다는 말의 위험성을 이해합니다. 홀로 남겨졌음을 자각할 때까지 우리는 희생에 희생을 거듭 요구하여, 이것은 한 번에 한 단계씩 밟아 가며 궁극적인 희생에 도달할 때 있을 수 있는 유일한 삶의 형태입니다. 그러나 작은 물고기도 결국 그 생태적 지위를 찾게 될 것이라는 사실이 간과

되어서는 안 될 것입니다. 저는 그 생물을 잠시 무시해 버립니다. 그런 후 그것은 어디론가 가서 어떤 일을 저지를 것입니다. 이 어떤 일이란 그 본질상 해로울 수도, 모호할 수도, 결국엔 아주 중요한 것이 될 수도 있습니다.

브라운 그렇다면, 환경에 개입하지 않는 것을 생태학적 위기의 해결안으로 여기지 않는다는 말인가요?

솔레리 그렇습니다. 만일 지진이 나서 산이 붕괴되어 댐처럼 막혀서 거기에 호수가 만들어진다면, 저는 그것이 긍정적인 생태학적 사건이나 신의 섭리에 의한 일이라고 생각하진 못할 것입니다. 비록 어딘가에 댐을 건설하여 자연의 진행에 해로운 장애물을 놓는다고 해도 말입니다. 저는 정신이 존재하지 않는 곳에 정신을 심어 놓습니다. 그것은 어떤 순간에 특정한 곳에서 일어나 모종의 탈바꿈으로 발전하는 지진에서 발견되는 것이기도 합니다. 따라서 한편으론 자연에서 일어난 것은 무엇이든 정당하다는 핑계를 대면서도, 우리 인간이 하는 거의 모든 일은 오류투성이라는 또 다른 구실로 그것을 뒷받침하기도 합니다.

라딘 그러나 자연은 완전한 환경을 이루어 냈고, 그것의 결과는 가장 완벽한 피조물인 인간입니다. 그 완전무결함을 왜 수정하려고 하죠?

솔레리 저는 그 생각에 찬성하지 않습니다. 한 번에 한 단계씩 인간을 규정해 내는 일련의 과정이 존재하기 때문에 우리 인간은 인간으로 존재하는 것입니다. 그러나 우리는 몇 천 배 더 완전해질 수도 있고 몇 천 배 더 완전하지 못해질 수도 있습니다. 저는 인간을 만들어 낸 자연의 진행 과정에서 어떠한 완벽성도 찾아내려 하지 않습니다.

라딘 그렇다면 우리가 어떻게 이 도약에 성공했습니까? 왜 환경을 변화시켜야 하죠? 나무에서 애리조나로 발길을 돌리게 만든 그 환경을 왜 그대로 유지하지 않으려 하죠?

솔레리 나무가 그곳에 어울리지 않는다는 것이 그 정확한 이유입니다. 나무가 그곳에 있기 전에 훨씬 더 원시적인 형태의 나무가 이미 있었고, 그 야생의 나무가 그곳에 있기 전에 이보다 더 원시적인 피조물이 있었고, 정신이란 것이 있다면 "이봐, 나는 신의 이미지 속에 존재하는 것이야. 내가 신의 이미지 안에 거하기 때문에 그 어떤 것도 나를 변하게 할 수 없을 거야."라고 이 모든 피조물들이 말할지도 모르기 때문입니다. 그래서 우리는 돌과 물, 불만 그곳에 있음을 발견한 그때로 소급해 가려 합니다. 심지어 그곳에서 우리는 시원으로 돌아가 수소와 빅뱅의 상태에 귀결하고 다음과 같이 말할 것입니다. "바로 이것이 진정한 물질이다. 그 나머지는 모두 불순물이다. 이것이 바로 오염이다."

라딘 그러나 그 시원의 조건에서 인간은 스스로 그 운명을 향해 전진해 왔습니다. 우리는 분명히 지난 수백 년 동안 올바른 방향으로 진보해 오고 있습니다.

솔레리 왜 그 상태로 거슬러가 사건을 알아내는 이 사다리의 한 단이 우리 인간임을 말하지 않죠? 만일 우리가 중간 정도의 단에 있다면, 그곳에 머물러 있는 것은 분명히 실수를 넘어 죄에 가까운 일일 것입니다.

라딘 그러나 완벽한 기계를 생산해 내는 공장을 바꾸는 것 또한 아주 위협적인 일이 아닐까요?

솔레리 그렇지 않다고 봅니다. 완벽한 기계란 없습니다.

라딘 충분히 완벽하지 않다는 말인가요?

솔레리 네.

고스니 우리는 이미 기계들을 교체하고 또 교체해 왔습니다. 현 도시는 이미 우리들을 변화시키고 있습니다.

라딘 저는 건조물들을 지어 왔습니다. 저는 대도시를 유도하지는 않습니다. 만일 대도시가 다른 방향, 즉 작은 부락이나 마을로 유도된다면, 인간은 밟아야 할 연쇄 고리의 다음 단계를 좀 더 성공적으로 밟아 나갈 수 있을 것입니다. 당신이 지적한 것처럼, 높은 인구밀도와 고도의 기술적 조건에서 인간은 자멸해 갈 수도 있습니다. 이런 조짐들이 확실히 감지되고 있습니다.

솔레리 맞는 말입니다. 하지만 위험한 병리현상이 존재한다는 사실이 우리가 거쳐 왔던 상태에 머물러 있어야 된다는 것을 의미하지는 않습니다.

라딘 분쟁이 일고 있습니다. 300년 전에 동양과 서양 간의 분쟁이 없었다면, 인간은 수소 폭탄을 만들어 내지는 않았을 것입니다. 인간은 순간을 무마하기 위해 필요로 하는 것을 만들어 내는 경향이 있습니다. 따라서 인구 밀도가 더 높아지고, 불안이 더 고조되고 공포감이 더 엄습하게 되면 더 파괴적인 무기들이 나올 가능성이 있다고 생각됩니다.

솔레리 그렇긴 하죠. 그러나 또 다시 극단의 상황을 고려하여 이해해 봅시다. "우리는 이 행성에서 인구 밀도가 가장 낮은 종이야."라고 아담이 이브에게 말했다고 해 봅시다. 이러한 상태가 이상적일까요? 10억이면 그럴까요? 누가 과연 알겠습니까? 밀도의 긍정적 차원을 상기해 보는 것이 좋지 않을까요? 밀도와 관련된 사랑의 능력처럼 말입니다.

인구

라딘 우리가 이곳에 잠시 머물러 있는 동안 당신은 예리하고 진지하면서도 뭔가에 끊임없이 골몰했습니다. 하지만 당신의 정주지는 센추리 시티(Century City)도 아니고 시카고도 아니라 무화과나무 아래의 바로 이곳입니다. 한 그루의 무화과나무 아래 한 남자가 있는 형국입니다.

솔레리 맞는 말이지만 하나 기억해야 할 점은 우리가 그곳에 짓고 있는 것과 이곳에서 짓고 있는 것은 약간 다릅니다. 이곳에서 짓고 있는 것은 우리가 추구하는 것에 아직 이르지 못하고 있습니다. 따라서 어느 면에서 보면 내 이상향의 시카고라고 할 수 있습니다. 이것은 무화과나무도 아니고 무화과나무 아래의 안락한 의자도 아닙니다. 그러나 시카고가 무화과나무 아래의 의자보다 '신'에 더 가깝다고 믿을 만한 이유가 있습니다. 이 두 가지 상태가 서로 배타적이라는 말이 아니라 수치에 의해 진행되어야 할 무엇인가가 분명히 있다는 말입니다. 이것은 풍부함과도 관련된 것입니다. 그리고 그것은 복잡성의 일부분입니다. 복잡성이란 무엇입니까? 되도록 매개물을 통하지 않고 더 많은 물질과 더 깊게 교섭하는 일입니다.

고스니 복잡성에 대한 꽤 적절한 일반적 정의 같아 보이네요.

토비스 그것은 모든 생태계의 안정성에 대한 기본적인 정의입니다. 극상의 숲은 그러한 안정기의 상태에 이른 것입니다. 그곳은 아주 복잡하지만 이전의 숲보다 훨씬 더 인정된 질서가 유지됩니다.

솔레리 그렇다면, 바로 다음과 같은 질문이 제기될 수 있겠네요. 이러한 숲은 우리가 영원히 심사숙고해야 하는 아이콘인가요? 지금부터 수십억 년이 흘러도 숲은 여전히 타당한 관념일까요? 아마 그렇지 않을 것입니다. 숲은 더 이상 어떤 의미 있는 것이 되지 못할 것입니다. 숲보다 좋은 것은 없다고 말해 버리고는 우리 자신들과 숲 자체를 화석화시키지 않기 위해서 곰곰이 주시해 보아야 합니다. 당분간 숲은 어마어마한 자산이기에 그것을 망가뜨리고 파괴하지 않으려고 세심한 주의를 기울여야 합니다. 이것은 우리 자신은 물론 총체적인 현실을 위한 일이기도 합니다. 그러나 숲은 신성하고 변함없어야 되는 영원 무구한 소여라고 주장하면서 편협한 생각을 드러내는 일은 없도록 주의를 기울여야 합니다.

토비스 숲은 결코 그 자신을 주시한 적이 없고, "나는 수백 년 동안 이곳에 머물러 있지는 않을 것이다. 따라서 무언가를 하기 위해 신속하게 움직여야만 한다."고 말할 뿐입니다.

솔레리 어쨌든 숲이 사라질 것이라는 점은 잘 알고 있습니다.

토비스 그것을 확실하게 알 수 있는 사람은 없습니다. 심지어 과거에 있었던 식물의 기록을 보면, 4억 년 전부터 땅을 덮었던 종들이 항상 있었음을 알 수 있습니다. 그것이 지금의 종처럼 동일한 퇴화 과정을 거쳤다고 확신할 수는 없겠죠. 하지만…….

솔레리 제 말의 의미는 과거가 우리에게 무엇을 일러주든지 상관없이, 어느 특정한 기간에 지구는 숲을 유지할 능력을 상실할 수도 있다는 점을 우리는 알고 있다는 것입니다. 왜냐하면 지구는 화산 폭발에 휩싸이거나 화재에 타버릴 수도 있고, 차가운 돌무더기로 식어버릴 수도 있기 때문입니다. 어떤 상태로 되든지 간에 우리에게 근본적인 정당성이라는 사고가 있다면, 그것은 영원한 숲이라는 모델과는 전혀 다른 모델에서 유도될 것입니다.

토비스 그러나 수천 년 동안이나 실제로 적용되지 않을 모델을 우리 삶의 지침으로 삼는 것이 과연 그렇게 이치에 맞는 일일까요? 물론 이것은 또 다른 차원의 질문이기도 합니다.

절대자

솔레리 우리 인간은 영원을 추구하고 절대를 꿈꿉니다. 이 때문에 인간은 종교를 만들어 냈죠. 이런 것들을 필요로 하지 않는다면 종교적일 이유가 없습니다. 그러니 종교에 대한 생각은 접읍시다. 공을 들고도 그것을 이내 망각하듯이, 이러한 생각들은 접어 두고 삶을 즐기는 멋진 이교도가 됩시다. (모두 웃는다.)

토비스 철저한 다신론자로서의 이교도겠군요. 무엇이나 수용하는 그런 자유로움 속에는 분명히 절대자에 대한 필요성이 더 절실한 법입니다. 절대자에 대한 사고는 모든 사물에 스며들어 있습니다.

솔레리 맞는 말이지만, 만일 절대자에 대해 진지하게 대화를 나누려면, 그것에 대해 심오한 느낌을 가질 수 있어야 합니다. 그것에 대해 진지해진다는 것은 지구에도 정해진 수명이 있고, 이 수명이 다하면 지구는 존재하지 않게 된다는 생각을 수용하는 것입니다. 그러나 지구가 얼마나 불가사의한지는 몰라도, 이 지구보다 훨씬 더 불가사의한 무언가가 나타날 것입니다.

브라운 그렇다면, 할당된 수명 안에 우리가 접근하게 될 모종의 과정이 있는 것 같은데, 그 과정을 무엇으로 보십니까?

솔레리 아주 대략적으로 표현하면, 그것은 점점 더 복잡해져 가는 현실의 과정이라고 할 수 있습니다. 왜냐하면 점점 더 복잡해져 가면서 그것은 한층 더 자명하게 드러나고 이해 가능한 차원을 보여 주며, 점점 더 강력한 위력으로 가설을 제공하고 그것을 이행할 가상 모델을 더 발전시켜 나갈 테니까요.

브라운 그렇다면, 이른바 지구에 남은 유일한 희망은 지구가 일단 멸망하고 난 후 지구 자체를 초월할 수 있는 지점까지 접근해야 한다는 말이군요.

솔레리 극단적 표현을 하자면 그렇다고 할 수 있습니다. 그 상태로부터 벗어날 가능성은 없다고 봅니다. 그러나 우리가 실질적이기를 원한다면, 그저 "좋아. 종교나 절대자 따위는 잊어 버리자."라고 말하면 됩니다. 절대라는 관념에서 소원한 상태지만, 서양인들의 실용성과 그들이 발전시킨 리얼리즘 사이에는 여전히 차이점이 존재합니다.

브라운 환경 문제의 차원에서 절대적 상이 어떻게 실제적 행동으로 나타날 수 있겠습니까?

솔레리 다시 한번 단순하게 말해 보죠. 저는 복잡성의 패러다임을 절대성의 패러다임으로 생각합니다. 따라서 우리의 관심을 끄는 수명이 얼마나 되는지는 몰라도, 만일 더 풍요로운 삶을 살기를 원한다면 우리는 좀 더 복잡한 독립성을 누리고 상호 관계를 맺어나가야 합니다. 이러한 자세를 통해 우리는 주변을 둘러싼 환경을 더 제대로 인식할 수 있습니다. 즉 우리 내면은 어떤 모습인지, 주변의 상황들에 대처해 나가는 일이 얼마나 어려운지 자각하게 될 것입니다. 양이 질로 변화하는 시발점이 있다고 믿는 편입니다.

토비스 그러한 믿음은 어디에서 생기죠?

솔레리 대뇌나 대뇌 피질의 정체가 무엇인지 알기 때문이 아니라, 극히 원시적 피조물의 신경계와 나 자신의 신경계 사이에는 근본적으로 차이가 없다는 점 때문이라고 할 수 있습니다. 유일한 차이점은 관계 횟수와 반응지수를 결정하는 구성 요인들의 수가 놀라우리만큼 증가하여, 아주 단순한 작용과 반응이 이른바 사고나 정신으로 전환된다는 것이죠. 정신에 도달한 후 그것은 의식으로 바뀌고, 의식으로 화한 다음 책임감에 이르게 되며 더 높은 단계로 진전됩니다.

도시와 오두막

토비스 내 마음 속에는 시카고의 이미지들이 각인되어 있습니다. 시카고의 사울 벨로우(Saul Bellow, 1976년 노벨문학상을 수상함-옮긴이), 바람, 시카고 예술학교 등 시카고의 멋진 모든 부분들이 마음속에 들어와 있습니다. 이제 저는 시카고의 남쪽 부분을 생각합니다. 복잡성이 증가되어 정신적, 생물학적 차원에서 주변 환경을 더 잘 파악할 수 있다고 당신은 지적했었습니다. 물론 이것을 인간의 주변 환경에 한정해서 해석하지는 않습니다. 20층 건물이 들어서 있고, 나와 내 이웃들이 불과 15센티미터 정도밖에 떨어져 있지 않은 시카고 중심가에서 과연 내가 외부 환경을 통해 정신적 복잡성을 강화시킬 수 있는 가능성은 얼마나 될까요? 우리 인간과 주변 환경 사이에 내내 설정되어 있는 이러한 분열을 당신은 어떻게 인식하는 편입니까?

솔레리 이 논의를 계속하기 위해서는 이런 저런 경우를 따져 보며 말해야만 할 것 같습니다. 그러니 한번 비교해 봅시다. 한편으론 우리는 시카고의 20층 건물에 살기도 하고 또 한편으론 통나무 오두막에서 숲 속의 삶을 사는 이도 있습니다. 저는 이 두 가지 삶의 현실을 제안하고 싶습니다. 시카고의 현실이 훨씬 더 풍부하며 정신이나 마음의 측면에서 더 생산적이기도 하지요. 고층 아파트에서 삶을 영위하는 익명의 개인이 통나무집에 사는 사람보다 더 지적이라는 이유 때문이 아니라, 아파트에 사는 사람이 새로운 종류의 동물이 출현할 수 있는 징조인 사건의 네트워크를 추정할 수 있기 때문입니다. 아파트에 사는 사람이 꽤 지적이지는 않을 것이라는 점은 당연하지만 이웃의 구성은 훨씬 더 복잡합니다. 반면에 사회적, 문화적 기반이 아주 원시적이기 때문에 통나무집에 사는 사람은 결점을 가진 셈이고 실제로 존재한다고 말할 수도 없을 것입니다. 이 비교를 통해 저는 통나무집에 사는 사람은 시카고에 접속될 수는 있어도 그곳에서 살아가는 것이 아니며 오히려 시카고가 존재하지 않기 때문에 그곳에 있을 수 있다고 추정해 봅니다. 따라서 시카고가 존재하지 않기 때문에 이 사람을 도울 만한 기술이란 존재하지 않습니다. 책이란 것이 고안되지 않았기 때문에 책을 소유하고 있지도 않습니다. 고립되어 있다면 언어 자체가 발명되지 않을 수 있기 때문에 그는 또한 언어도 가지고 있지 않습니다.

토비스 그러나 우리 인간이란 종의 지배적인 활동 부분은 오두막집 밖으로 나와 살며, 즉 공동 농장의 취약한 사슬 구조 하에 살며 일궈낸 농업이었고 지금도 마찬가지입니다.

솔레리 맞는 말입니다. 그러나 그 공동 농장들은 좀 더 큰 공동체들과 연계된 것이고, 이것들도 마찬가지로 이보다 더 큰 공동체에 속해 있습니다. 단지 오두막 자체의 역사는 아닌 셈입니다. 그것은 공동체와 연관된 오두막의 역사이며, 다시 이 공동체는 마을과 연결되고, 마을은 도시와, 이 도시는 대도시와 접속됩니다. 따라서 시카고 시민으로서 시카고에서 벗어나는 것도 좋은 일입니다. 내 말의 의미는 시카고의 고되고 단조로운 일상에서 탈출을 말하는 깃이지 그곳의 이점들을 버리라는 말은 아닙니다. 그러니 저는 라디오도 듣고 텔레비전도 보고 책도 읽고, 전화 통화도 하고, 시계나 셔츠, 안경 등도 이용하며, 오두막 집의 상황에서 얻을 수 없는 모든 문명의 이기들을 향유합니다. 이런 상황 속에는 오두막의 상황까지도 함유되어 있습니다.

복잡성과 도시 효과

토비스 미래 도시를 열망하게 된 주된 동기가 무엇이죠? 인구 문제를 심각하게 인식하고 인구가 재편성되어야 할 필요성을 자각한 데서 비롯되었나요? 아니면 인간 정신을 대변하는 한층 더 높은 차원의 복잡성을 추구하기 때문인가요?

솔레리 도시 효과에 대한 필요성은 공간을 만들겠다는 생각에서 비롯된 것도 아니고, 이 행성이 너무도 협소하고 인간은 지나치게 많다는 사실에서 연유된 것도 아닙니다. 그것은 최근에 와서야 부상된 것이고, 현재 우리는 그 책임을 부여받고 있습니다. 도시 효과는 그 본질상 긍정적인 차원을 가집니다. 현재 지구가 우리에게 드러내는 한계를 정당화하기 위해 나온 것은 아닙니다.

토비스 그렇다면 도시 효과의 정당성은 무엇입니까?

솔레리 그것은 바로 복잡성 자체가 신성이라는 점입니다.

고스니 복잡성이 더 커지면, 완결함의 정도도 높아진다는 말이군요.

솔레리 그런 셈입니다.

고스니 지구의 한계로 인해 사람들이 아르콜로지가 그 대안이라는 결론을 내린 것처럼 보입니다.

솔레리 저 또한 그렇게 믿는 편입니다. 저는 그 개념을 좀 더 강력하게 밀고 나가고 싶은 바람은 있지만, 이 부분에서 문제가 있으리라 생각됩니다.

토비스 점점 더 인구밀도가 높아지는 상황에서 인간들 사이의 모든 상호작용들로서 복잡성을 말하는 것이군요.

솔레리 네. 그러나 그것을 이해하기 위해서 저는 처음부터 시작해야만 합니다. 서로 충돌하고 있지만 너무 신비한 것들이라 서로 의사소통이 이루어지지 않는 두 미립자가 있다고 가정해 봅시다. 이것들은 그저 서로 부딪히고 있을 뿐입니다. 이 충돌 자체는 복잡한 일이지만 아무것도 유도해 내지 않습니다. 두 개의 작은 창문이 각각 열려 있고 마주 보도록 열려 있다면 모종의 교류가 이루어집니다. 이때 복잡한 과정이 연출되는 경험을 할 수 있습니다. 서로 부딪히기만 하는 일을 넘어서는 무언가가 있음을 이미 암시해 주고 있습니다.

토비스 그러나 그것들은 안정 상태에 들어갑니다. 모든 종은 안정상태에 접어들며 모든 공동체는 받아들인 에너지의 흡수량만큼 안정 상태에 놓이게 됩니다. 무한정 발전해 나갈 수는 없는 일입니다.

솔레리 그러나 애초에는 물리적이며 유기물 차원의 동요에 버금가는 충돌들이 거의 없었기 때문에 어느 면에서 볼 때 진화는 안정과 모순되는 것입니다. 그리고 현재 우리는 엄청나게 많은 방식으로 동요의 장에 있는 사람들입니다. 어느 지점에 가서 이 동요는 활기참으로 전환됩니다. 많은 사건들이 총체화되어 이와 동일한 물질량으로 전환되기 때문에 어느 순간 '동요'가 정신으로 화하게 된다고 재차 생각됩니다.

심미적 세계

토비스 윌리 브랜트(Willy Brandt)가 발견한 자료에 따르면, 미국인들은 네팔 사람들보다 일인당 1,042배나 많은 양을 소비한다고 합니다. 우리가 보여 주는 이러한 과잉 소비는 비효율적으로 느껴집니다. 삶에서 필요한 것, 즉 인간으로서 우리가 필요로 하는 것들을 언급할 때마다 저는 수천 년 동안 변하지 않은 넓은 침대와 문고리가 생각납니다. 그것은 친밀도 면에서 인간에게 적절하며 실용적이고 능률적인 규모임이 분명합니다. 그래서 질문 하나를 드리고 싶은데요. 복잡성을 더 이상 필요로 하지 않는 친밀한 필요 사항들의 총체적 범주들이란 없습니까?

솔레리 물론 없습니다. 어떤 관계나 협동, 사회적 망, 문화적 망 없이도 루크레티우스(Lucretius)나 소로(Thoreau), 아인슈타인, 베토벤과 같은 사람들을 접할 수 있음을 제게 보여 준다면, "아마 오두막집이 그 해답이다."라고 저는 제시할 수 있을 것입니다. 하지만 당신은 그 점을 증명해 보일 수 없을 것입니다. 따라서 서양식 생활 방식이 다른 곳의 생활 방식보다 수백 배, 수천 배 많은 양의 소비를 유발한다는 사실은 서양식 방식이 더 낭비적이라는 점을 말해 주는 것은 아닌 듯합니다. 저는 그 결과를 지켜보아야만 합니다. 제 생각이 몹시 편협한 것일지도 모르지만, 만일 서양인들이 내게 준 것과 네팔인들이 나나 인류에게 준 것 사이에서 선택을 해야 한다면, 저는 서양의 것을 선택해야만 할 것입니다. 왜냐면 바로 서양에서 베토벤이나 그 외 몇 사람이 나왔기 때문이죠.

토비스 그러한 일시적인 절정기 때문인가요?

솔레리 그것은 순간적인 일은 아닙니다. 만일 많은 면에서 끊임없이 지속되고 절대적인 무언가가 있다면 그것은 바로 그러한 절정에서 스며 나온 정신일 것입니다.

토비스 하나를 얻기 위해 다른 하나를 버리는 개념인가요?

솔레리 경제성입니다. 경제성의 정수는 경제계라고 불리는 곳에서 발견되는 것이 아니라고 생각합니다. 그것은 아주 적은 양의 에너지와 극소량의 물질이 엄청나게 강력한 것들을 이루어 내는 심미적 세계 속에서 발견될 것입니다. 그런데 지난밤에 텔레비전에서 방송된 트리스탄과 이졸데를 보셨나요?

록스버러 보지 못했습니다.

솔레리 아주 훌륭한 배우가 이졸데 역을 했습니다. 그녀는 경이롭기까지 했습니다. 전에도 그녀를 본 적이 있었는데, 이번 극에서는 뭐랄까 대단했습니다. 이때가 바로 가치로 충만해짐을 느끼는 순간입니다. 생생함 자체가 가치 있는 것입니다.

토비스 아르코산티에서 가장 시급한 일은 무엇인가요? 그것은 심미적 기반을 구축하는 일인가요, 아니면 합리적 생존을 위한 하나의 방식인가요?

솔레리 그 두 가지가 동시에 이루어지는 것이라고 항상 믿어 왔습니다. 그러나 단순히 생각만으로 제가 많은 일을 잘 해낼 수 없을 것이라고 말할지도 모르지만, 가장 미미한 일을 하더라도 삶에 더 유용할 수도 있는 대안들을 그 미미한 일이 제공할지도 모른다고 가정할 수도 있겠지요. 그리고 그 유용성 중에 하나는 우리를 둘러싼 다른 종류의 삶들을 되도록이면 침해하지 않는 일입니다.

토비스 그렇다면 간섭을 되도록 하지 않는 일이 아르코산티에서는 중요한 역할을 하겠군요?

솔레리 그렇다고 할 수 있습니다. 조정이나 간섭을 믿지 않아서가 아니라, 존재하는 모든 것, 모든 유기체는 그 유기체 이전에 존재했던 무엇인가와 간섭을 일으키게 마련이기 때문입니다. 하지만 역사적, 맥락적 순간에 우리가 여전히 현실적인 답변을 내놓지 못하고 있다는 생각이 들어서이기 때문입니다. 만일 내 자신이 탁월한 지능의 소유자며, 지고의 지혜를 가지고 하해와 같은 사랑을 품은 자라면 좀 더 많은 것과 근원적으로 교섭할 수 있음을 느낀다고 말할 수 있을 것입니다. 그러나 저는 전혀 그런 종류의 사람이 아니기 때문에 좀 더 겸손해야 한다고 느낍니다.

아르코산티

토비스 '최소한의 중재자'로서의 아르코산티의 기본적인 교의들은 무엇입니까?

솔레리 그 규모 자체입니다. 어떤 것의 부피를 줄임으로써 경제적 시스템을 포함한 모든 것이 전부 제대로 돌아가는 것을 확인할 수 있다는 생각을 중요시합니다.

순수하게 정신적 존재만은 아니기 때문에 우리는 항상 중력의 법칙이나 열역학법칙, 시공간의 제약에 좌우된다는 사실에 귀를 기울인 것입니다. 따라서 복잡성은 소형화되어 축약된 규모와 밀접하게 관련되어 있다는 사고를 따르는 것입니다.

어쩌면 우리 인간은 필수적인 것들을 보호할 수 있게 도움을 줄 현존하는 에너지, 가령 우리의 경우 주로 태양 에너지를 가지고 더 잘해 나갈 수 있다는 사실을 중요시합니다.

지구의 어떤 지역에서는 물이 모자라 물 자체가 희귀한 것이 되어 버려서, 물을 저장하고 더 잘 활용할 수 있는 방식으로 우리의 정주지를 만들어 나가려고 노력해야만 한다는 사실을 중요시합니다.

다른 모든 사항을 여러 가지 방식으로 집약시켜 주는 것은 사물들이 서로 분리되고 있다는 점입니다. 많은 면에서 사물들은 그렇게 되어야만 했고, 서로 분리되지 않은 상태에 익숙하지 못합니다.

토비스 이 마지막 주장에 대해 다시 설명해 주시겠습니까?

솔레리 내 육체를 다른 사람의 육체와 분리시켜야 하고 존재를 위해서 내 주변에 있는 것들과 내 육체를 분리시켜야 한다는 의미에서 저는 분리를 지지하는 편입니다. 이러한 분리를 통해서 저는 자율성과 나 스스로가 현실화되는 느낌을 얻게 됩니다. 칼을 들어 나 자신을 잘게 잘라내고 이제 나는 다른 것들과 연결되어 있다고 외쳐 본다면, 내 몸을 구성하는 것들은 다른 몸들과 더 직접적으로 접촉하게 되지만 나 자신은 더 이상 존재하지 않게 됩니다. 따라서 존재를 위해서 저는 그런 요소들을 서로 분리시켜야만 합니다. 그러나 한계를 설정하고 분리시키고 구분하는 이런 사고를 다른 맥락에 적용하게 될 상황이 되면, 아마 이곳에서 하던 것을 할 수 없다는 것을 자각하게 되겠지요. 사물들을 분리시키고 부분으로 쪼개는 대신 통합하거나 한데 묶어버리는 것입니다. 따라서 자율적인 피조물인 나 자신은 자율적인 또 다른 피조물과 함께 존재할 필요가 있습니다. 지속적인 교류, 바로 이것이 도시 효과입니다.

토비스 전 세계에 걸쳐 표준이 될 만한 낙관적인 인구 밀도가 있다고 생각하십니까?

솔레리 어쩌면 그 일은 시공간의 척도나 역사적인 차원에서 이루어지는 것은 아니라고 생각됩니다. 개별적인 맥락에 따라 그 해답은 정해질 것입니다. 지금 이 행성에는 상이한 양상의 맥락에 따른 낙관적인 온갖 조건들이 산재해 있습니다.

토비스 환경의 여러 제약들에 의해 이 조건들이 결정되나요? 아니면 다른 결정인자들도 있습니까?

솔레리 부분적으로만 환경의 영향을 받습니다. 마찬가지로 사회적, 정치적, 경제적, 기술적, 심리학적, 종교적, 철학적 영향도 있을 수 있습니다. 이 모든 요인들이 동시에 중요한 역할을 합니다.

폭탄

토비스 당신은 고차원적이며 필수적인 복잡성의 지표로 수량을 지적한 바 있습니다. 저는 공룡의 크기나 멸종 사실, 그리고 원자폭탄이나 핵무기 사이의 유추가 머리 속에 떠오릅니다. 당신이 지적해 온 그런 전반적인 진보에서 낙관적일 수 있기 위해서 어떻게 하면 이런 무기들의 출현을 다시 규정할 수 있습니까? 당신의 설명에는 원자폭탄의 개발을 정당화하는 논리가 숨어 있습니다. 논리를 고집하며 우리를 지배하는 것들이 주변에 산재해 있습니다. 하지만, 당신의 전체 계획에 따르면, 그것은 우리가 추구하는 인간의 상호교류나 그 모든 베토벤들의 생존을 스스로 위협하는 과정임이 분명해 보입니다. 뭔가 어긋나 버렸는데요.

솔레리 그렇습니다. 하지만 저는 같이 작업하는 사람들에게 싫은 내색이 섞인 다음과 같은 말을 합니다. 즉 불공정이 현실에 깊이 뿌리박혀 있고 특히 인간의 현실에 뿌리박혀 있습니다. 따라서 사용하려고 계획하는 측면에서 보면 원자력 개념은 인간들 속에 심어진 불공정의 뚜렷한 증거임이 틀림없습니다. 핵전쟁의 경우, 공포와 편협심, 무자비함, 인간 중 일부는 선이 무엇인지 알지만 "그것을 사용하지 않을 것이다. 나는 좀 다른 종류의 존재가 될 것이다."라고 말해 버린다는 생각에서 나오는 것은 이 불공정입니다.

토비스 어떻게 인식의 중심을 다시 잡을 수 있을까요? 그렇게 되려면, 다양한 요인들, 즉 종교적, 사회학적, 심리학적, 생태학적, 미학적 차원들의 여러 요인들이 응집되어야 합니다. 이러한 요인들이 의존성이나 과대망상증을 주조해 내며 서로 결합되기도 합니다.

솔레리 바로 이 점에 사람의 책임과 사람의 중요함이라는 것이 뒤따릅니다. 예를 들어 내가 격노하는 것보다 당신이 잠잠해지는 것이 더 낫다고 결정할 때 내가 일관성을 유지할 수 있는지 살펴보아야만 합니다.

토비스 이제 다시 처음 이야기하던 주제로 돌아온 듯합니다. 저는 당신이 명상에 잠긴 채 나무 아래에 있는 것을 상상합니다. 그리고 당신이 언급하고 있는 한 개인은 책임성이라는 차원에서 보면 궁극적 구세주라고 생각합니다.

솔레리 그러나 한 개인은 보편적인 사람이 되는 것이며, 나무 아래에 있는 사소한 피조물로 남아 있는 존재가 아닙니다. 그 혹은 그녀는 내가 어떤 선호도를 지녔더라도 그 선호도들이 인간이라는 종의 선호도 범위 내에 있어야 함을 충분히 이해하는 보편성을 가지게 됩니다.

그리고 종의 선호도는 자기 파괴의 과정이 아닙니다.

시카고와 아르코산티

토비스 애리조나 코르데스 사거리에 있는 당신의 멋진 구조물을 시카고에 옮겨 놓을 수 있습니까? 아니면 처음부터 그 구조물에서 시작해야만 합니까?

솔레리 그런 생각은 바이러스와 물고기를 비교하는 것과 같습니다. 시카고는 아르코산티보다 훨씬 더 복합적입니다. 또한 한층 더 복잡하기도 합니다.

토비스 아르코산티의 개념들을 시카고에 어떻게 적용시킬 수 있을까요?

솔레리 실험적인 아이디어가 생기는 부분이 바로 그 점입니다. 단순화된 방식으로 시작할 수 있습니다. 마을의 개념을 잡아서 도시적 상황에 맞추어 확장시키면 됩니다. 이렇게 서로 다른 규모 사이를 넘나들 수 있거나 약간의 양적인 도약에 이를 수 있다면, 시카고로 눈을 돌려 다음과 같이 말할 수 있게 됩니다. "이 개념들을 적용하려고 시도하고 어떻게 진행되는지 살펴보는 건 어떤가?"

브라운 아르코산티가 작은 바이러스가 되어 다른 세포에 침투해 재생되기 시작하는 것이군요.

토비스 윌리엄 버로즈(William Burroughs)는 『알몸의 점심(*Naked Lunch*)』에서 이 아이디어를 사용했습니다. 그는 신적인 차원과 신의 깊이와 관련된 단 하나의 단어인 '언어 바이러스'를 언급했습니다. 이 말은 24시간 내에 지구상의 모든 화자에게 전염되었습니다. 예를 들어 농담이나 페로몬이 얼마나 빨리 전역에 전파되는지 잘 알고 있습니다. 호모 사피엔스의 신경 자극은 약 시속 38킬로미터의 속도로 전달됩니다.

저는 이 '바이러스 테크놀로지'에 의존하지는 않습니다. 바이러스 이전 단계의 인간성을 조사하는 일이 급선무라고 느낍니다. 그것이 침해 당하기 이전 상태 말입니다. 예를 들어 히말라야 산간지대나 아마존에는 아직도 몇몇 원시 종족들이 살고 있습니다. 이곳에서는 지난 5000년 동안 사람들의 집단적 이주가 그리 자주 일어나지 않았습니다. 하지만 현재 그곳에 깃들여진 문화들을 면밀히 조사해 보면, 그들의 농업 기술이나 경이로운 수공예 솜씨, 어우러져 사는 사람들의 무리, 특히 비할 데 없는 인간 활동에서 놀랄 만한 통찰력을 발견하게 됩니다. 아마존 인디언들은 동사의 시제 변화를 플라톤이나 트루먼, 모차르트보다 훨씬 더 풍부한 표현으로 구사합니다. 이것을 복잡성이라고 부를 수도 있겠습니다. 감성과 예술적 감각을 지닌 인간은 아마존 인디언의 정신 속에 녹아든 고결함과 관련된 무엇인가를 창출해 냅니다. 대화를 통해서 이르게 되는 소크라테스적인 논의가 필요한 부분입니다. 한 사람이 올리브 나무 아래에 앉아 있었습니다. 그에 대해 진정으로 아는 것이 있습니까? 다른 사람들에게 주는 그의 선물이 끊임없이 감성을 분출하며 사는, 맨해튼의 높은 60층에 사는 시인 만큼이나 의미 있고 절실하며 중요합니까? 티벳의 음유시인과 핵폭탄을 만든 물리학자 사이의 비교는 또 어떤가요?

솔레리 한 집단과 다른 한 집단을 대치시켜 비교한다면 두 집단 모두의 시에 대해서만 말해서는 안 된다고 생각합니다. 그들이 '생산해내고 있는' 것이 무엇인지에 대해 지적해야만 합니다. '생산층'의 깊이를 들여다보게 되면, 곧바로 티벳에 있는 누군가는 원자 물리학자와 같은 어조로 말하고 있다는 사실이 아주 흥미롭다는 것을 알게 됩니다. 서양의 과학이 우리에게 주고 있는 권력과 그 두터운 용적과 많은 것들을 주시해 보자마자, 비교할 만한 그 어떤 것도 발견해낼 수 없습니다. 음악의 경우도 마찬가지입니다.

토비스 이 말 많은 과학의 어느 정도를 지금 우리가 이용하고 있는 거죠? 아르코산티의 예를 들어 구체적으로 살펴보도록 하죠. 당신은 많은 합금과 수백 가지의 건설 자재를 마음대로 사용할 수 있는데, 단순하면서도 기본적인 것들만을 사용합니다.

솔레리 하지만, 콘크리트를 타설하고 있는 동안, 저는 집으로 가서 책을 편 다음 가이아 이론이나 프리고진에 대해 읽은 다음 이에 대한 생각을 진행시키고, 아인슈타인이나 페르미를 들여다봅니다. 모두 믿을 수 없을 정도로 강력한 정신의 표현물이 아닐 수 없습니다.

토비스 5,000년 전과 동일하다고 생각하지 않는군요.

솔레리 아니, 같다고 생각합니다. 잔디의 잎을 집어 들고, 그 잎에 스며든 우주를 관찰하고 그것의 본성과 그것이 어떻게 그 잎에 존재하고 발전되어 어떻게 인식의 장에 포착되었는지, 그리고 어떤 과정으로 우리가 태어났는지 사고를 진전시켜 봅시다. 너무도 흥미롭지 않습니까?

브라운 그렇다면 당신은 모래알에서 세계를 들여다본 블레이크(Blake) 경우보다 그것을 더 강력하게 보는군요. 그는 진리에 대해 말했지만, 당신이 강조하는 점은 그 진리의 원인을 추적하는 일이기 때문입니다.

기술과 생존

솔레리 그 이유는 궁극적으로 알려진 모든 것과 인간에 의한 모든 기술은 정신을 위한 것임을 믿기 때문입니다. 기술은 현실을 조절하고 변화시키기 위한 수단으로 주어진 것일 뿐입니다. 따라서 인간이 대부분의 경우 잘못 사용하고 있고, 과학이 인간에게 부여해 준 힘은 끊임없이 인간에게 경이로움을 줄 정도의 선물입니다.

토비스 기술에 대해 믿음을 가지는 것은 좋은 일입니다. 하지만 저는 또 다른 견해를 가지고 있기도 합니다. 기술에 직면했을 때 그것을 고심해서 제대로 활용하는 인간이 얼마나 될까요? 일개 개인으로서 기술을 통해 우리가 할 수 있는 일이 진정 무엇이겠습니까?

솔레리 근본적인 것은 우리가 발명해 낸 것에 의해 잠시 압도당한 후 그것을 사용해 나가게 된다는 점입니다. 우리는 아직 그것을 추진하지 못하고 있습니다.

록스버러 그 정도의 기술적 진보에 이른 우리 인간은 바로 지금 진정으로 유용한 것을 적용하고 발견해야 될 만한 상황에 이르렀습니다.

솔레리 그 말에 동의합니다. 또한 기술의 이 힘을 더 많이 얻으면 얻을수록 우리는 더 현명해지고 더 해박하고 온정적으로 되어야만 할 것입니다. 바로 이 때문에 저는 항상 기술과 환경을 서로 연결시키려 합니다. 인간의 정주지가 그렇게 중요하다고 믿는 이유이기도 합니다. 왜냐하면 정주지는 환경 차원의 교훈을 배워나가는 과정의 기반을 제공해 주기 때문입니다. 이 과정은 과학이나 기술에 의한 교육 과정과 거의 정반대의 양상을 보여 줍니다.

갤러리와 카페 등이 있는 방문객 센터

아르콜로지의 구체적 대안

　잡지 『P.A.(*Progress Architecture*)』의 편집자 필립 아르시디(Philip Arcidi)와 솔레리와의 짧은 대담이 이 잡지 1991년 3월호에 실렸다. 이 대담에서 환경 위기는 도시 실험을 전개시키려는 솔레리의 근본적 이유의 핵심으로 조명된다.

　교외 지역이 급격하게 성장하고 있는 반면, 아르코산티는 거의 지어지지 않은 상태. 불굴의 정신을 가진 솔레리는 4반세기 전에 처음으로 자신이 제안한 비전을 여전히 고수하고 있다. 피닉스 외부에서 아르코산티를 방문한 사람들은 규모는 작지만 어느 정도의 경험이 축적된 공동체를 발견하게 된다. 이것은 자연 상태로 남아 있었을 경관에 세워진 층화된 도시의 첫 번째 단계이다. 파울로 솔레리는 타협의 여지 없이 자신의 기획을 꾸준히 적용해 나가고 있다. 『P.A.』의 편집장 아르시디는 지난해에 그와 대담을 나누었다. 다음은 대담에서 발췌하였다.

아르시디 현재의 건축 양상을 어떻게 규정하고 계십니까?

솔레리 가장 치명적인 실패 원인은 근시안적 태도입니다. 우리는 지금 어리둥절하여 어찌할 바를 모르고 있는 상태입니다. 중요하다고 생각했던 것들이 무너져 버리고 우리는 주변 상황에 빠져 버렸습니다. 현재의 조류에 반대하며 저는 복잡성과 소형화 패러다임을 강조하고 싶습니다. 왜냐하면 그것은 살아 있는 모든 것이 만들어지는 방식이기 때문입니다. 생물학과 진화에서 드러난 생명의 기본적인 핵심들을 직시해 본다면, 건축가인 우리는 오늘날 주변에서 일어나는 문제들을 제대로 다루어 나갈 수 있을 것입니다. 이러한 방향을 밟다 보면 왜 교외 지역이 그렇게 재앙에 가까운 현상인지 알 수 있습니다. 연결 고리 없이 지구 전역에 여기저기 흩어져 있는 왜소하고 짧은 사지처럼 건물들을 더 이상 내버려 둘 수 없습니다. 잘 알다시피 서로 얽혀 있고 공생하는 2차 시스템으로 채워져 있기 때문에 생물계에서 시스템이 잘 성장해 나갈 수 있는 것입니다. 우리는 손톱이나 발가락, 귀를 성장시켜 나가는 데 능숙하며 때론 이것들이 아주 아름다운 것으로 드러나기도 합니다. 그러나 동물 자체에 대한 개념이 없다면, 이러한 것들은 하나의 부속물처럼 아주 불필요해집니다.

아르시디 아르콜로지의 실현 단계를 어떻게 내다보십니까? 그것은 성장 추세를 보이며 전개될 수 있을까요?

솔레리 환경문제의 중요성을 자각하는 것 자체가 가장 중요한 첫 번째 단계입니다. 우리가 막연하게 믿고 싶은 것보다 삶은 더 어렵고 가혹하다는 점을 깨달아야만 합니다. 원래부터 자연은 우리 인간을 염두에 두지 않습니다. 자연에 어떤 자비가 있으리라는 생각은 잘못된 것입니다. 아르콜로지는 심경의 변화나 입장의 전환도 포용하는 개념입니다. 즉 우리가 현재 살아가는 방식이 어쩌면 유지하기 불가능한 것이며 비윤리적인 것일지도 모른다는 자각까지도 고려됩니다.

아르시디 "기능은 형태를 따른다."고 지적한 적이 있으시죠?

솔레리 이 말에서 저는 두 가지를 드러내고자 했지만 많은 사람들은 그 중 하나만을 강조했습니다. 자연은 형태에 따르는 기능들을 이끌어 내는 듯합니다. 지능을 가진 우리 인간은 그 반대를 향해 가고 있습니다. 즉 우리는 일련의 필요 사항들을 가지고 있고, 형태를 제안해 내면서 그 요구들에 대처하려고 시도합니다. 그러나 "형태는 기능을 따른다."는 주장에만 의거해 디자인을 할 수 있다고 말하는 사람에겐 누구라도 도전장을 내밀고 싶습니다. 사실상 우리 모두는 마음 한편에서부터 전형적 사고를 갖고 일을 해나갑니다. 우리는 이 두 가지 접근 방향의 균형을 유지하며 설계할 필요가 있습니다.

아르시디 당신의 스케치 작품집을 보면, 인간이 구축한 것과 경관은 항상 구별되어 나타나는 것을 알 수 있습니다. 이와 다르게, 어떤 건축가들은 인간성과 자연을 하나로 수렴하는 것으로 묘사합니다.

솔레리 우리 인간이 지구에 출현한 사실을 감추어서는 안 됩니다.

자연을 훼손하지 말아야 한다고 지적하는 것은 적절하지 못한 말입니다. 우리 인간은 소비자의 위치에 있기 때문에 어떤 방식으로든 자연을 훼손해 오고 있습니다. 인류가 만들어 낸 많은 위대한 것들은 자연의 영역에 세심하게 드리워진 것입니다. 즉 이것들은 그저 작고 미미한 사물들이 아닙니다.

거대구조물의 주제로 돌아가 봅시다. 당신도 알다시피, 저는 물리적으로 '거대'가 아니라 '극소'의 규모로 된 무언가를 세우려고 했습니다. 피닉스 시는 진정한 거대구조물이라고 할 수 있습니다. 피닉스처럼 넓게 퍼진 구조에 맞먹는 무언가를 소형 구조물로 만들어 낼 수 있다고 생각합니다. 높고 다양하게 분류되어 있기 때문에 그 구조물이 경관 속에서 눈에 더 잘 포착된다고 하더라도, 피닉스에서 사용된 에너지의 소량만을 소비하고 그 부피의 아주 일부만을 차지한다는 사실에는 변함이 없습니다.

아르시디 지난 20여 년간 피닉스에서 얻은 교훈들이 있다면 말씀해 주십시오.

솔레리 우선 저는 인간이란 동물은 아주 이상하다는 점을 배웠습니다. 그리고 아르코산티에서 일하며 맞게 되는 도전들을 무시할 수 없다는 점을 알았습니다. 일과 삶이 일치된 이곳에서 당신은 하나를 위해 다른 하나를 포기할 수는 없을 것입니다. 이곳에서 일하는 사람들은 다양한 방면의 영웅들입니다. 이들은 작고 고립된 환경에서 협동작업을 하고 있습니다. 잠시 일을 뒤로 미루고 대규모 도시 환경으로

쉽사리 눈을 돌릴 수는 없습니다. 만일 자금이 원활하게 조달된다면, 우리에게 닥친 많은 문제들을 해결할 수도 있겠지요. 건설과정과 생활을 서로 분리시켜 진행시킬 수도 있을 것입니다.

   환경의 위기로 인해 우리는 다시금 폭풍의 한가운데 놓여 있습니다. 그러나 오늘날의 에너지 문제가 주로 교외지역이 확장되면서 생겼다고 지적하는 사람은 없습니다. 아메리칸 드림의 한 부분이 산산이 조각나고 있음을 누구도 넌지시 암시조차 하지 않습니다. 아무리 잘못된 일들을 잘 처리해 나갈지라도, 우리가 그 문제를 해결해 나갈 수는 없습니다. 그저 그 문제를 완화시켜 나갈 수 있을 뿐입니다. 이 나라에서 경관 문제에 할당되는 방식은 가장 낭비적으로 처리되는 방식입니다. 현 시스템 내의 그 방식으로 인해 충격을 받았으며, 거기서 탈피하는 일은 아주 어려워지고 있습니다. 현재 이루어지고 있는 대부분의 환경 관련 노력들은 하나의 보수 작업이라고 할 수 있습니다. 주행거리를 늘리고 재순환 과정을 촉진시키는 일이 무엇보다 중요하지만 이 일이 문제의 핵심적 해결방안들은 아닙니다. 문제의 원천은 바로 우리가 잘못된 방식으로 구축해 나가는 오류를 자행하고 있다는 점입니다. 이 잘못된 방식이란 바로 교외 지역에서 이루어지고 있는 방식입니다. 아메리칸 드림이 여기에 불필요하게 엮여 있습니다.

건설 작업에 직접 참여하는 아르코산티 사람들

우주의 시민들

애리조나 주립대학의 건축·환경설계학과 학과장인 제프리 쿡은 2000년 11월 30일에 스콧데일 도서관에서 청중들이 모인 가운데 솔레리와 대담을 나누었다. 이 대담을 통해 우주적 규모의 현실 내에서 인간의 장소가 어떠해야 되는지에 대한 개념과 도시 개발은 물론 일상생활에서 어떤 결정을 위해 그 개념이 함축하고 있는 바가 무엇인지에 대해 소개했다.

쿡 파울로 솔레리는 50년 넘게 살면서 이 계곡을 잘 알고 있는 스콧데일의 주민입니다. 파울로는 프랭크 로이드 라이트의 도제생으로 일하기 위해 1947년 탈리에신 웨스트에 처음 왔습니다. 그곳에서 경험을 쌓고 처음으로 주택을 지은 후에 그는 부인과 함께 이탈리아로 이주했고 그곳에서 건축가를 자청하며 활동하면서 5년을 보냈습니다. 이탈리아에서 그의 대표적인 건축 작품인 도기 공방을 아말피(Amalfi) 해변에 세웠습니다. 1955년에 그는 다시 미국으로 돌아와 현재 공동체 도시로 형성된 파라다이스 밸리(Paradise Valley)의 땅 5에이커에 1956년 정착했습니다. 파울로 씨는 더블트리 로드(Doubletree Road) 6433번지에 있는 분홍빛 나는 작은 목조 주택에 아직도 살고 있습니다. 그 집에서 일하며 그는 도시의 미래를 제시하고 건축과 생태학의 결합어인 아르콜로지 개념을 정초한 사람으로 세계적인 명성을 얻게 됩니다.

1970년 그는 스콧데일의 북부에서 한 시간 반가량 떨어진 코르데스 사거리에 '아르코산티'라는 가장 최소 규모의 아르콜로지 안을 세웠습니다. 그로부터 30년 동안 그는 자신이 내세운 비전의 차원을 더 잘 이해하고 그것의 발전을 지켜보고, 지엽적으로나 세계적으로 무슨 일이 일어나게 되는지 주시할 수 있는 기회를 놓치지 않고 있습니다. 현재 우리 사회 내에서 이렇게 특별한 경험과 통찰력을 지닌 사람과 조우할 수 있다는 것은 이례적인 기회가 아닐 수 없습니다. 그가 바로 파울로 솔레리입니다.

솔레리 대략 300컷이나 되는 슬라이드를 가지고 있습니다만, 몇 컷만 사용하겠습니다. 당신이 어쩌면 이상하다고 여길지 모르는 사고방식을 가졌기 때문에 처음부터 이 단 한 컷의 슬라이드인 버블 다이어그램을 제시하는 것입니다. 이 다이어그램은 현실 속에서 우리들의 위치가 어딘지 알게 해 주는 또 다른 방식입니다. 여기엔 4개의 버블이 있습니다. 가장 큰 것은 우주적 적절성(Cosmic Relevance)의 버블이며, 현재의 우주만큼이나 큽니다. 두 번째로 큰 것은 진화론적 정합성

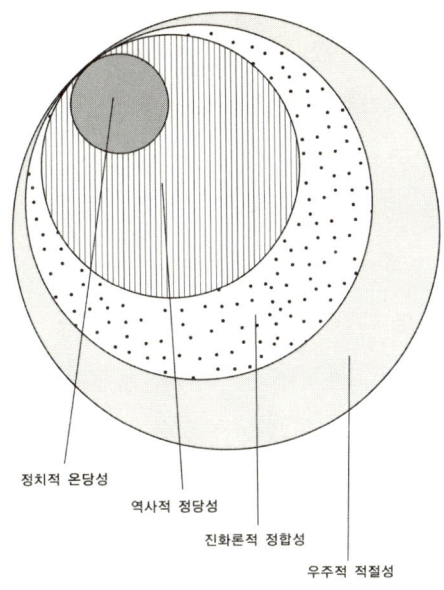

버블 다이어그램

(Evolutionary Coherence)의 버블이며 지금까지 우주에 퍼져 있는 모든 생물계를 합쳐 놓은 것입니다. 역사적 정당성(Historical Fitness)의 버블은 인간의 역사를 모두 합쳐 놓은 크기이며, 가장 작은 정치적 온당성(pollitically correctness)의 버블은 오늘날의 미국 정도에 해당하는 규모입니다.

규모가 가장 큰 것은 우주적 버블입니다. 그 안에 우주적 버블과 비교해 볼 때 너무도 작은 진화론적 정합성의 버블이 포함되어 있습니다. 따라서 이 다이어그램에는 서로 복잡하게 얽혀 있는 규모가 없습니다. 우주적 규모에서 보면 진화론적 버블은 인식되지 않습니다.

그리고 이 진화론적 버블은 역사적 정당성의 버블을 둘러쌉니다. 이것은 우리가 이 행성에서 인간으로 살면서 세운 현실의 총체라고 할 수 있습니다. 역사적 버블 안에는 정치적 온당성의 버블이란 작은 버블이 놓여 있습니다. 이것은 우리가 인식할 수 있고 그것을 토대로 살고 그것을 구축해나가고 있기 때문에 사방에 존재합니다.

제가 보여 주려는 것은 자신을 어디에 포함시키느냐에 따라 무엇인가에 대한 서로 다른 견해와 행동 방식을 보일 거라는 점입니다. 현재 대부분의 시간을 우리는 정치적 동물로서 행위하며 보내고 온당해지기를 원합니다. 이러한 현상은 많은 제한들과 관련되어 있습니다. 왜냐하면 온당해지기 위해서 우리는 끊임없이 타협해야만 하며 매일매일 그 행태를 반복하게 됩니다. 이런 시각에 머물러 있게 되면 우리의 삶과 행위는 특정한 가치에 따라 그에 맞는 특정한 형태와 양상만을 띄게 됩니다. 때때로 이러한 시각을 넘어서서 내다보려고 노력하고 우리 자신들을 역사적 존재로 간주한다면, 우리의 시각은 어느 정도 바뀔 것이며, 이를 통해 한쪽에서 온당했던 것들이 다른 쪽에서는 무의미한 것이 될 것입니다. 이 말은 우리가 어제는 물론 그 이전에 일어났던 것을 향해 우리 삶을 지향할 수 있게 된다는 것을 의미합니다. 예를 들어, 미국인들은 200년 정도를 거쳐 왔고 그 기간만의 역사를 가질 뿐입니다. 그러나 이 두 가지 버블은 생물권 내에 존재하기에 생물권의 여지 또한 내포하고 있습니다.

일단 이 두 버블을 꿰뚫고, 관통하여, 진화론적 버블에 이르게 되면, 아주 중요하고 정말로 필요하다고 간주되는 생물권은 실제로

지각되지 않는다는 사실에 놀라게 됩니다. 우리는 생물권에서 유래되었습니다. 따라서 불행하게도 이러한 출현의 시초를 인정하지 않는다면, 생물권을 인지할 수 없을 것입니다. 바로 이것이 우리가 가진 문제 중에 하나입니다. 만일 지금 우리가 진화론적 버블 너머까지 이를 수 있게 된다면, 이해하기 어렵고 거의 감지할 수도 없는 무엇인가를 접하게 될 것이며, 우리가 그저 우주먼지에 불과함을 목격할 것입니다. 그러니 우리는 분명히 그곳에서 왔고, 그곳에 존재하는 것이기도 하며, 이는 벗어날 수 없는 사실입니다.

한편 모든 버블은 동일한 한 점을 공유합니다. 그것은 바로 현재입니다. 현재 상태에서 우리 자신의 위치를 어떻게 설정하느냐에 따라 상이한 시각을 가지게 됩니다. 따라서 안쪽의 두 버블 내에서 우리가 하는 일은 아주 사소한 것일 수도 있습니다. 그러나 우리 자신을 위해 중요한 무엇이 되기 위해서는 결국 바깥 쪽 버블인 우주적 적합성의 버블에 대처해야만 합니다. 이 사실 또한 피할 수 없습니다.

이 가설을 다시 한번 반복하자면, 정치적 온당성의 버블은 현재 미국의 규모에 해당하며 역사적 정당성의 버블은 인간 역사의 총체에 해당하는 규모입니다. 진화의 버블은 지금까지 우주에 뿌려진 생물권의 총합에 해당합니다. 그리고 우주적 버블은 과학이나 상상력으로 감지된 현재의 우주만큼 규모가 큽니다.

쿡 파울로 씨가 명망을 얻은 부분 중 하나를 꼽으라면, 그것은 우리가 참조해야 될 틀을 확대시키는 능력이라고 할 수 있습니다. 따라서 이 공동체 내에서 이렇게 거대한 참조 틀을 어떻게 수용할 수 있는지 질문하고 싶습니다. 특히 아주 짧은 역사를 지녔고 뿌리라는 것이 거의 없는 스콧데일과 같은 새로운 공동체에 살 경우는 어떠한가요? 사실상 이 몇 번의 강의들의 전반적인 목적은 이러한 뿌리를 찾기 위한 것입니다.

솔레리 우리는 두 가지 방식으로 현실에 대면할 수 있습니다. 그 하나는 실리적인 자세이고 다른 하나는 현실적인 태도입니다. 이 두 가지 방식 사이에는 엄청난 차이가 있습니다. 항상 현재 속에 살기 때문에 우리는 실리적이어야 한다고 말합니다. 실용성은 자주 그릇된 것이 될 수도 있다는 사실을 기억해야 합니다. 우리는 모든 종류의 판도로부터 교훈들을 얻었기 때문에, 실리적인 태도를 넘어서 현실적인 자세를 가지도록 노력해야 합니다. 사실주의는 정치적 온당함이 아님을 이 다이어그램이 제시하고 있습니다. 이 다이어그램은 그보다 더 많은 것을 제시하고 요구하고 있습니다. 따라서 개인적인 차원의 문제에 직면한다면, 사회적인 차원에서 궁극적으로 치명적인 유해함만을 주는 것들을 추구하는 데 그치고 말지도 모릅니다. 그리고 결국 이 양상은 지금으로부터 몇백 년 후의 일이 아니라 바로 내년의 일입니다. 그 한 사례는 땅을 다루는 방식과 우리가 몰아가고 있는 교통정체 현상에 대처하는 방식에서 나타납니다. 이러한 참조 틀을 토대로, 현재 우리가 처리하고 있는 것 중 가장 문제를 많이 낳고 해가 될 여지가 있는 것 중 하나가 제가 이름 붙인 과대소비입니다. 우리는 모두 그 속에 함몰되어 있고, 모두 그것의 희생양입니다. 실용성이 여러 방면에서 어떻게 극도의 해를 끼치는지 보여 주는 일단의 일들을 해결하려면 많은 시간이 걸릴 것입니다.

쿡 스콧데일 주민들의 실용적인 방식과 피닉스 주민이나 신시내티 주민들의 방식 사이에 어떤 차이점들이 존재합니까?

솔레리 실제로 그리 차이는 없습니다. 그 이유는 우리가 물질주의나 과대소비로 만연된 하나의 사회, 하나의 국가로 발전해 왔기 때문입니다. 따라서 이러한 풍조에 모두 물들어 있는 한 우리는 끔찍한 문제에 직면하게 될 것입니다. 문제 해결은 내일이나 모레에 이루어질 성격이 아닙니다. 많은 것들을 원상태로 돌리는 일은 아주 오래 걸리고 천천히 진행될 것입니다. 가능한 한 현재 우리가 가고 있는 방향과는 다른 방향으로 모색되어야 합니다. 비록 현재 우리가 이 대륙의 범위 내에 머물러 있음에도 말입니다. 모든 나라에 눈을 돌려 보면 우리가 전혀 직면하지 않은 심각한 불평등의 문제가 있음을 발견하게 될 것입니다. 그리고 이 문제는 종국에는 이 대륙에 사는 우리에게도 닥치게 될 것입니다.

쿡 그러나 우리는 제어하지 못하고 있습니다. 이 방에 있는 사람들로는 모든 대륙을 제어하지 못합니다. 우리 중 몇은 일상에서 생기는 많은 문제에 시달리고 있기도 합니다. 스콧데일과 같은 공동체는 어떤 방향을 취해야 합니까? 미국인의 생활 방식 전반을 아우르는 당신의 그 첫째 버블에 대해 그 주민들은 어떤 책임감을 짊어져야 하나요?

솔레리 우리는 아주 근원적인 문제들을 다루고 있고, 빠르고도 정해진 해결안은 없습니다. 그러한 해결안은 있을 수도 없습니다. 어쩌면 우리는 여러 세대에 걸쳐 실수를 거듭해 오고 있는지도 모릅니다. 이 실수를 만회하려면 더 여러 세대가 지나야 될 것이며, 그것도 우리가 그 의지가 있을 경우에 그렇다는 말입니다. 훌륭한 도시민이 되기 위해선 좋은 생산자가 되고 좋은 소비자가 되어야 한다고 믿는 습관 속에 있는 사람들이 치르게 될 희생은 아주 클 것입니다. 물리적으로나 정신적으로 우리가 하고 있는 일의 전체 구조는 과대소비 위주의 이 현상을 반영합니다. 단독주택은 분명히 가장 비싸고, 가장 오염을 많이 일으키고, 가장 낭비적이며 지금까지 살면서 우리가 한 것 중에 가장 분열 위주의 일입니다. 따라서 우리가 지금 싸워 나가는 것에 대한 해답이 있으리라고 생각하지 않습니다. 결국 우리는 선결 사항들을 바꿔 나가야만 하며 거기서부터 시작해야 합니다. 이것은 아주 힘든 일이 될 것입니다.

쿡 그리 낙관적이지는 않군요.

솔레리 네. 단기간을 가정하면 그렇지만, 장기적인 안목에선 낙관하는 편입니다.

쿡 공동체 사이의 차이점들, 특히 지역적 특성이나 기후의 측면에서 본 차이점들을 인식하는지 궁금합니다. 혹은 규모 면에서의 차이점도. 스콧데일에 대해 무조건 좋게 평하는 것은 바라지 않지만, 미국의 도시와 관련하여 스콧데일을 어떻게 보고 있습니까?

솔레리 최근의 실험적 장소인 스콧데일은 역사가 얼마 안 된다는 장점과 단점을 동시에 가지고 있습니다. 경험 부족, 넘치는 열망과 열정, 치명적인 실수를 범할 수 있는 위력……. 종종 실수는 윗세대에서 생기기도 합니다. 알다시피 역사를 통해 많은 것이 존재하지 않은 상태로부터 너무 많은 것으로 넘쳐나는 상태로 전개되었다는 점은 너무 많은 것을 획득함으로써 다른 방향에서의 많은 것들을 서서히 잃어간다는 것을 뜻합니다. 따라서 자기 책임이라는 방향, 영토적 현실을 포함한 현실의 더 큰 부분들과 자신을 서로 연결시키는 노력의 방향을 잡지 못할 것입니다. 이때 기억해야 될 사실은 우리가 사물들을 다루는 사람들이라는 점입니다. 우리는 손을 사용하는 일에 능숙합니다. 따라서 손이나 후두, 의사소통 기관을 서로 연결시키고, 기술을 통해 이 놀라운 것을 사용할 때 우리는 제작하는 인간인 호모 파베르가 됩니다. 어느 면에서 볼 때 우리는 호모 사피엔스보다는 아직도 호모 파베르 단계에 있다고 할 수 있습니다. 사물을 다루는 우리의 솜씨는 넘칠 정도로 많은 일들을 처리할 때 필요한 지혜와 같은 속도로 진행되고 있지 않습니다. 따라서 우리는 생산과 소비 면에서 너무 과도한 상태에 이르렀고 지식과 지혜 면에서는 미미한 상태에 그치고 있습니다. 지불해야 할 대가가 너무도 큽니다.

쿡 간선도로도 강화되지 않은 미발달의 공동체로 스콧데일을 바라보게 된다면, 오래된 다른 공동체보다 더 많은 오류를 낳을 가능성이나 긍정적 실험의 가능성이 있지 않습니까? 이것이 바로 진화론적인 가능성 아닌가요?

솔레리 그 지적은 사태에 대한 기본적인 어떤 일치된 입장들을 내포하고 있습니다. 우리는 2차원적으로 사고하는 편이며, 그 원인도 나름대로 있습니다. 우리는 자유로워져야 하고 되도록이면 제어해야 할 범주가 적어야 한다고 생각하길 좋아합니다. 이 범주에는 자연이나 그 외 다른 몇 가지도 포함되는데, 이것들 대부분은 도달할 수 없는 것이기에 낭만적이거나 향수 어린 것들입니다. 우리는 행위를 통해 추구해야 될 것들을 파괴하고 있습니다.

자동차를 예로 들어 보죠. 정주지의 발전을 이차원적인 측면에서 생각하는 한, 현재의 문제들을 계속해서 낳을 수밖에 없음은 자명합니다. 이것은 보편적인 사실입니다. 열역학이나 중력의 문제를 다루고 있고, 무엇인가를 움직이게 하려면 그 대가가 필요하고, 그것은 없어지지 않을 거라는 점을 자각해야만 합니다. 불행히도 우리는 아주 거대하고 몹시도 비용이 많이 드는 기술이나 자동차를 선택하게 됩니다.

이 상황을 개선하기 위해서는 '오류'를 정정해야만 한다고 생각합니다. 오류를 더 많이 고치면 고칠수록 거리의 잘못된 부분들을 더 많이 알게 됩니다. 어떻게 하면 무분별한 확장을 조절하고 땅을 이치에 맞도록 분할할 수 있는가를 모색하려는 이러한 몸부림은 극히 보호를 필요로 하는 하나의 요소를 가지고 있습니다. 점점 더 규모가 커지고 끊임없이 넓어지는 주택을 소유하고자 하는 생각에 집착하면 할수록, 그것을 실행하고 안락하게 유지하기 위해 생산적인 측면에서 더 많은 요구사항이 생기게 됩니다. 그 요구에 더 잘 응하면 응할수록, 개발에 필요한 모든 설비와 편의시설을 더 많이 필요로 합니다. 그 결과 협소한 영역 내에서 우리가 은거하게 될 행성의 암자라는 것을 개발하고 있습니다.

인터넷과 같은 것들을 통해서 의사소통할 수 있기 때문에 우리는 그 모든 것을 다루어 낼 수 있다고 장담합니다. 그러나 인터넷이 식량을 제공하는 것도 아니고, 인터넷에서 물을 얻을 수도 없습니다. 우리 자신을 알리는 것은 물론, 인터넷에 실재하지 않는 그 어떤 것도 할 수 없습니다. 따라서 진짜 문제는 바로 우리가 단독주택이 복수의 화신이라는 생각을 수용하지 않으려 한다는 점입니다.

쿡 팽창된 교외지역에서 보여 주는 전형적인 미국적 상황의 하나로 설정하고 당신은 피닉스에 대해 논하고 있습니다. 농촌 생활에 대해서 생각해 둔 것이 있는지 궁금합니다. 특히 우리들 몇 사람처럼 스콧데일이 그저 갈림길이었을 때 그곳을 체험해 본 이후로 말입니다. 50년이란 당신의 체험에서 크게 바뀐 부분인 것 같습니다. 한때 유효했던 지극히 향수 어린 방식으로 접근하고 있는 것은 아닌가요?

솔레리 그렇지는 않습니다. 행성 위의 작은 계곡이 마음에 들어 그곳을 지배하려고 마음먹은 사람이 행성 전체를 많은 기대와 많은 공간으로 채우는 것은 극히 자연스러운 일입니다. 그러나 바로 그 계곡 자체를 지배하려는 사람들도 수천, 혹은 수백만에 이릅니다. 따라서 이것은 거의 돌이킬 수 없는 개발 과정입니다. 이 과정이 더디게 진행되거나 변경되고 역진행할 수 있으려면 어떤 일을 하고 어떤 행동을 해야 하는지 사람들은 모릅니다. 그러나 이 점이 바로 인간의 조건입니다. 어떤 지점에 가서 볼 때 사람들은 "내게 기쁨을 주는 일을 한다."는 말을 할 수 없다고 결단 내려 버릴지도 모릅니다. "어쩌면 내가 해야만 하는 일을 해나가야만 한다."고 말할 사람도 있을 것입니다.

그러나 현재 우리는 이런 상태에 있지 않습니다. 민주주의 하에서는 이런 말을 할 수 없습니다. 때론 자유보다 방종에 가까운 "내가 원하는 대로만 한다."는 마음가짐 때문에 사람들은 결국 살 만하다고 판단되지 않는 방식으로 삶을 꾸려 갑니다. 2차 세계대전 이후 우리는 이러한 상황으로 접어들고 있고, 적어도 지난 두 세대 동안 이러한 방향으로 접근하고 있습니다. 우리가 잘못된 방향으로 가고 있다는 점을 자연이 말해 주고 있는 셈입니다.

아르코산티는 평지가 아닙니다. 이곳은 3차원 시스템이며 그 이유는 아주 간단합니다. 정보와 지식은 다발로부터 생기며 인간 역시 무리를 짓지 않으면 삶이란 존재할 수 없습니다. 뇌가 아주 적절한 그 사례입니다. 아주 작고 미세하고 복잡하기 때문에 뇌는 환상적인 엔진이나 기계처럼 존재하며, 바로 여기에 삶이 내재합니다. 어떤 이들은 이것을 좋아하지 않겠지만 다발(clustering)이 바로 삶이 존재하는 부분입니다. 그러니 여기에 반대하는 것은 엄청난 실수죠.

쿡 세계 곳곳을 여행하면서 당신은 많은 나라와 다양한 문화들을 접해 왔습니다. 이 많은 나라들은 미국식 생활 방식을 목표로 삼고 있습니다. 더 받아들일 만한 가치가 있는 또 다른 목적들을 가진 문화를 체험하지 않았는지 궁금합니다. 특히 앞서 제기한 버블을 이해하는 측면에서 말입니다.

솔레리 인간으로서 우리의 본성 내에는 초월적인 무엇을 추구하는 경향이 있는 듯합니다. 아주 사소한 도약으로 우리는 대부분의 시간을 초월하며 이것은 아주 중요한 일입니다. 바로 거기에 충동, 열망, 의욕이 있기 때문입니다. 현재의 상태를 넘어서 사물의 본성이 될 만한 것을 향해 나아가야 할 필요성에 대응해야만 할 것입니다. 또 다른 현실을 향한 이러한 발돋움은 여러모로 판도와 지배 차원에서 보여지는 경향과 문제들, 즉 사람들이 그토록 숭앙하는 이 자유라는 사고를 어떻게 다루어 내는가에 달려 있습니다. 대부분 이것은 불가능한 극단으로 사람들을 몰고 갑니다.

물리적 상황을 들어 보겠습니다. 중국 상공을 날고 있다고 합시다. 수백 킬로미터에 걸쳐 환경 친화적인 마을들이 여러 면에서 제대로 통합되어 있고 그지없이 살기 좋고 아주 훌륭함을 발견할 수 있을 것입니다. 각 마을의 주변에는 농지가 있습니다. 따라서 마을은 아주 기하학적으로 분배되어 있습니다. 이러한 차원의 경제 내에서 만일 마을 사람들이 자동차를 타고 로스앤젤레스의 양상과 같은 방향으로 출발한다면, 각 마을은 현재의 10배에 달하는 규모가 될지도 모릅니다. 즉 식량 생산을 위한 모든 땅은 사라지게 된다는 말이죠. 미국식으로 표현하자면 풍요와 복지를 향한 도약인 셈인데, 하지만 이곳에서는 그 반대 상황이 대두될 것이며, 그것은 재앙에 가까울지도 모릅니다.

따라서 아메리칸 드림을 개발해 내는 것은 실행 가능하지도 바람직하지도 않은 일입니다. 그러나 모든 사람들이 하기를 원하는 일이 바로 이것입니다. 중국, 인도, 아프리카, 남미에서 모든 사람들은 "멋진 시민, 미국의 시민처럼 느낀다."라고 말할 수 있을 정도의 지점에 이르길 원합니다. 그러나 이것은 하나의 재앙입니다. 12억에 달하는 중국인들에게는 6억 대의 자동차가 필요할 것입니다. 중국에 6억 대, 인도에 5억 대, 아프리카에 5억 대, 남미에 6억 대, 그리고 미국과 유럽의 많은 차들을 생각해 봐요. 결국 우리는 우리 자신이 아꼈던 자동차의 희생양이 될 것입니다.

쿡 현재 60억의 사람들이 미국식 생활 방식으로 사는 데 얼마나 많은 지구가 필요하다고 추정하십니까?

솔레리 어떤 시각을 갖느냐에 따라 그 수치는 다릅니다. 10개에서 40개 정도로 잡아 봅니다. 행성 10개로도 그 일은 가능할지 모릅니다. 당연히 한두 세대 내에 10개에 달하는 행성들을 개척할 수는 없으며, 100세대 정도의 시일이 걸릴 것입니다. 따라서 이 일에는 우리가 무너뜨릴 수 없는 벽이 있습니다. 상식을 어느 정도 바꾸어 나가야 하고, 우리가 현재 전개시키려 시도하고 있는 것과 다른 환경에서 행복이라는 미덕을 찾아야 할 것입니다.

쿡 이러한 일이 아르코산티와 무슨 관련이 있습니까?

솔레리 그 관련성을 찾아내려고 노력하면 당신은 실수를 범하게 됩니다. 제가 시도하고 있는 것은 이론으로 말한 것들의 실례를 찾고자 함입니다. 아르코산티는 아주 작은 규모의 어느 정도 한계가 있는 불충분한 방식이지만 우리는 그 일을 하고 있습니다. 수지맞지 않는 경제성(lean economy)이라는 생각으로 30년 동안 경험을 쌓아 오고 있습니다. 제가 제안하는 것은 미국인으로서, 유럽인으로서, 종국에는 지구인으로서 해야 하는 대안입니다. 이 대안은 정주지를 통합시켜 인간의 물리적인 시야 안에 그 경계가 모두 들어오도록 3차원 모델을 만들고, 이러한 경계 내에 '도시 효과'라는 것을 아주 생생하게 만들어 내는 일입니다. 이 일은 새로운 개념은 아니며 만 년 혹은 그 이상 오래된 것입니다. 그러나 현재 기술혁명과 과학 지식, 인구 팽창 등의 문제가 지금부터 몇 세대 되지 않아 직면하게 될 것임에도 더 이상 심각하게 생각하지 않는 지경에 이르렀습니다. 지금은 그 문제에 직면해야 할 시기입니다.

쿡 아르코산티에서 30년 동안 실험을 거치며 배운 점이 무엇인가요?

솔레리 몇 가지가 있습니다. 소규모 공동체로는 어려움이 많습니다.

쿡 규모가 큰 경우도 마찬가지 아닌가요?

솔레리 그러나 현실은 이렇습니다. 만일 주변에 사막이나 숲이 있고 약 1,000평방킬로미터의 도시를 세운다면, 저는 분명히 자연으로부터 소외될 것입니다. 자연은 더 이상 내 삶의 일부가 되지 못할 것입니다. 이러한 일이 바로 교외 지역이나 기존의 스프롤에서 자행되고 있습니다. 우리는 자연과 분리되고 있습니다. 그 이유는 무엇일까요? 자연을 사랑하고 자연을 벗삼아 살길 원하기 때문입니다. 개발을 추진하고 이것에 만족하는 일은 모순적이며 아주 망상에 가까운 상황이라고 생각합니다. 만일 진정으로 자연을 즐기려 한다면, 자연의 모든 생태계처럼 우리 자신들을 집단화시켜 도시인이자 동시에 시골사람이 되기 위한 아름다운 경험과 대조적인 모습, 양향적인 경향을 겸비해야 합니다. 스프롤은 이러한 이상을 끊임없이 파괴하기 마련입니다.

쿡 젊은 시절에 탈리에신에서 얻은 경험이 당신의 사상에 어떤 영향을 미쳤습니까?

솔레리 그 경험은 아주 중요하고 재미있었지만 이로 인해 저는 라이트의 브로드에이커 시티(Broadacre City) 개념과 다른 견해를 가지게 되었습니다. 브로드에이커 시티는 좋지 못한 것이 더욱더 나빠지는 사례 중에 하나라고 생각합니다. 2차 세계대전 이후에 레빗타운(Levittown) 현상이 있었고, 그것은 아주 확연히 나타났고 여러 면에서 의미 있기도 했습니다. 그러나 레빗타운은 몹시 황량하고 흥미롭지 못했습니다. 라이트가 잘한 일 중 하나는 건축과 주택 분야에서 보여 주었던 천재성을 발휘하여 이 레빗타운 모델을 매혹적인 과정으로 만들었다는 점입니다. 따라서 이것은 친절함과 지식이 잘못된 일을 얼마나 더 나쁘게 만드는지 보여 주는 사례입니다.

자동차는 라이트가 애용한 도구였고 아직도 많은 사람이 즐겨 사용하는 도구입니다. 그러나 라이트는 자동차에 대해 거의 마술적인 위력을 느꼈습니다. 그는 항상 가장 좋은 것을 가졌고 이는 당연한 일이기도 합니다. 자동차가 근래의 발명품이기 때문에 사람들은 이것이 병참학적(logistical) 문제들의 해결안이라고 생각했습니다. 따라서 자동차라는 해결안에 빠져들어 우리는 로스앤젤레스나 피닉스, 그 외 어떤 곳에도 다다를 수 있습니다.

쿡 태양의 계곡인 피닉스는 프랭크 로이드 라이트의 브로드에이커 시티를 투박하게나마 따르고 있다고 지적되기도 합니다. 촘촘하게 놓인 도로들과 그 많은 자동차들!

솔레리 두 대의 자동차로 시작해도 점점 더 그 규모는 커집니다. 따라서 스스로 비판적 입장을 세워야만 합니다. 한 세대에 그것을 바꿀 방법은 없습니다. 그러나 과대 소비 생활을 훌륭한 삶과 동격으로 보는 이러한 양상에서 벗어나는 생각을 가다듬기 시작해야 합니다. 먼 미래의 일이 아니라고 생각합니다.

쿡 그렇다면 당신이 선호하는 교통수단은 무엇입니까?

솔레리 자전거요. 우리는 두 발 동물이며 보행자들입니다. 가령 다리를 사용하지 않으려는 문제와 비만 문제는 아주 분명하게 나타나는 고민거리들입니다. 건물로 들어가 한두 층이나 5층 높이의 계단을 이용하며 다리 운동을 하지 않고 사람들은 엘리베이터를 이용합니다. 그런 다음 필요한 휴식과 품위를 얻기 위해 온천장으로 향하지요.

쿡 특히 이상적인 도시 생활과 자연의 접촉 사이의 관계에 대해 아르코산티에서 발견한 점은 무엇입니까?

솔레리 자연을 접촉하는 일은 제가 주장하는 것이기도 합니다. 인간의 개입을 한정시키고 자제해야 한다고 말한다면, 이것은 3차원적 차원을 뜻합니다. 그리고 소비 지향적 경향의 감소를 의미하기도 합니다. 아르코산티에서는 그리 대수롭지 않은 문제인데, 왜냐하면 작은 규모의 공동체이기에 도시의 이쪽에서 저쪽으로 이동하는 데 차가 필요없기 때문입니다. 제가 거주하는 곳에서 이곳의 모든 시설, 즉 카페, 도서관, 도기 공방, 세탁소, 극장, 커피숍, 빵집으로 불과 몇 초 만에 갈 수 있습니다. 10초가 걸리느냐, 20초냐 60초냐가 관건일 뿐입니다. 그러나 작은 집단이기 때문에 쉽게 이루어지는 행동 방식이지만, 이것은 어떤 규모에서라도 타당성을 가지는 방식이기도 합니다.

쿡 동시에 당신은 태고의 자연에 접근하려는 듯이 보입니다.

솔레리 그것이 바로 제가 의도하는 바입니다. 우리는 도시 이미지와 태고적 자연 사이에 놓여 있습니다. 우리의 경우, 이 자연은 황무지와 협곡입니다. 이런 곳은 정주지에 많은 녹지를 두려는 이상을 무색하게 만듭니다. 유럽에서 가장 아름다운 곳들은 나무 한 그루조차도 없는 그런 곳입니다. 이것은 건축적인 측면을 통해 인간의 존재를 알리는 것입니다. 이것이 바로 우리가 자연을 정제시켜 미학적 형태로 그것을 표현해 내는 방법입니다. 따라서 인간의 개입 정도를 한정시키고 자연 스스로 파열하도록 내버려 두기를 더 바라는 편입니다. 이것이 바로 우리 인간이 어떤 존재이며 자연이 무엇인지 명확하게 규정해 내는 방법입니다.

쿡 인간의 생존을 위해 황무지를 보존할 필요성이 있습니까?

솔레리 종국에는 태양이 꺼져버릴 것이라고 합니다. 태양이 사라질 때, 여전히 이 지구에 존재하던 생물권 역시 사멸하게 됩니다. 금방 일어날 일은 아니며 몇 세대를 거친 후에 있을 수 있습니다. 따라서 우리가 지금 현재 가진 것들은 소중히 여겨져야 할 막대한 양의 선물과 같습니다. 우리는 문지기가 되어야 합니다. 문지기가 된다는 것, 즉 집사의 정신을 수용하는 일은 현실이 우리에게 요구하는 것의 절반이며 나머지 절반은 창조력입니다. 현재 상태가 이러저러 하기 때문에 그것이 영원히 그대로 유지될 것이라고 말해서는 안 됩니다. 이런 방식으로 상황이 진전되어 가지는 않을 것입니다. 결국 생물권에 존재했었던 이 아름다운 과정, 언젠가는 사라지게 될 것이기에 기억의 하나로 자리잡게 될 이 과정은 인간이 그것을 기억해 내는 능력과 생물권을 다른 무엇으로 전환하는 능력에 달려 있습니다. 황무지에 대한 사고는 생물권이 결국 사라진다는 이러한 사고에 접합되어야만 합니다.

쿡 하지만 그것은 아주 먼 미래의 일이 아닙니까?

솔레리 현재 존재하는 것에서 의미를 찾고자 한다면, 우리는 전반적인 현실을 조명해 보아야 합니다. 어쩌면 그 의미는 너무도 경이롭고 아름다워서 그것을 다루지 않을 수 없을 것입니다. 비록 그것이 무엇인지 지금 알 수는 없지만 말입니다.

쿡 발표를 통해 당신은 지구적 규모의 아이디어들을 거론하고 3차원적인 사고의 중요성을 피력했습니다. 당신은 먼 미래를 내다보며 사태를 파악하고 있습니다. 그것 외에 우리 면전에 바로 닥친 일들의 측면에서 직접성을 그리 언급하지 않은 듯합니다. 이미 나타나고 있는 현상인 자연의 상실에 대해 어떤 생각을 가지고 있습니까? 극지방의 빙관이 녹아내리는 문제에 대해 어떻게 생각하십니까? 또 오존층에 구멍이 나는 문제는? 인간의 책임과 관련된 당신의 개념은 이러한 자연의 즉각적인 결과를 참작해서 나온 것이 아닌가 생각됩니다. 하지만 당신은 이 점에 대해 논의한 적이 없습니다.

솔레리 기후가 변하는 것이 소비의 결과라는 점은 사실입니다. 세탁 산업을 고안해 내면서 우리가 현재 개발하고 있는 또 다른 종류의 소비 형태가 있습니다. 그러나 우리는 산업이 불결해진 시기를 통과해 왔으며, 현재 중국과 같은 나라에서 오염된 기술이라고 부를 수 있을 만한 것의 사례를 볼 수 있습니다. 하지만 우리는 그 문제를 겪어 왔으며, 소비량이 너무 큰 나머지 지구상에서 가장 오염된 나라라는 사실은 부인할 수 없습니다. 따라서 섬세하고 숙련된 기술, 고품격의 기술을 가지고 있음에도 우리는 여전히 해를 입혀 가며 이 행성으로부터 더 많은 것을 요구하고 있습니다. 소비량을 극한까지 올리는 것은 강제성을 띠는 일이 되고 있습니다. 아주 단순하고 기본적인 일들에서 이러한 현상이 발견됩니다. 여기 클리넥스 한 통이 있고, 클리넥스를 하나 뜯어 코를 푼 다음에 버리는데, 이 일을 50억에 달하는 사람들이 똑같이 한다고 가정해 보면 클리넥스가 숲을 이룰 지경임을 알게 될 것입니다. 따라서 이러한 부분에서 저는 모종의 일을 하고 싶으며, 일상생활의 행동 하나 하나에서 소비와 관련된 이러한 사실이 드러나고 있음을 알게 됩니다. 집이 커지면 커질수록, 소비도 그만큼 늘어납니다. 이것은 피할 수 없는 사실입니다.

쿡 그렇다면, 건축가로서 당신은 비 물질화를 미래 세대의 목적으로 옹호하십니까?

솔레리 예컨대, 저는 아파트가 있는 유럽과 이 나라를 비교해 봅니다. 많은 측면에서 아파트는 아주 고상하고 복잡하며 멋집니다. 이웃집의 뒷마당을 들여다보는 대신 이쪽저쪽으로 난 여러 길들을 보게 될 것입니다. 따라서 거부감, 즉 아파트에 대해 가지는 반감은 변할 것입니다. 자신만의 방갈로에서 더 이상 살 수 없고 아주 복잡한 공간에서 살아가야 한다고 생각하는 것이 좋을 것입니다.

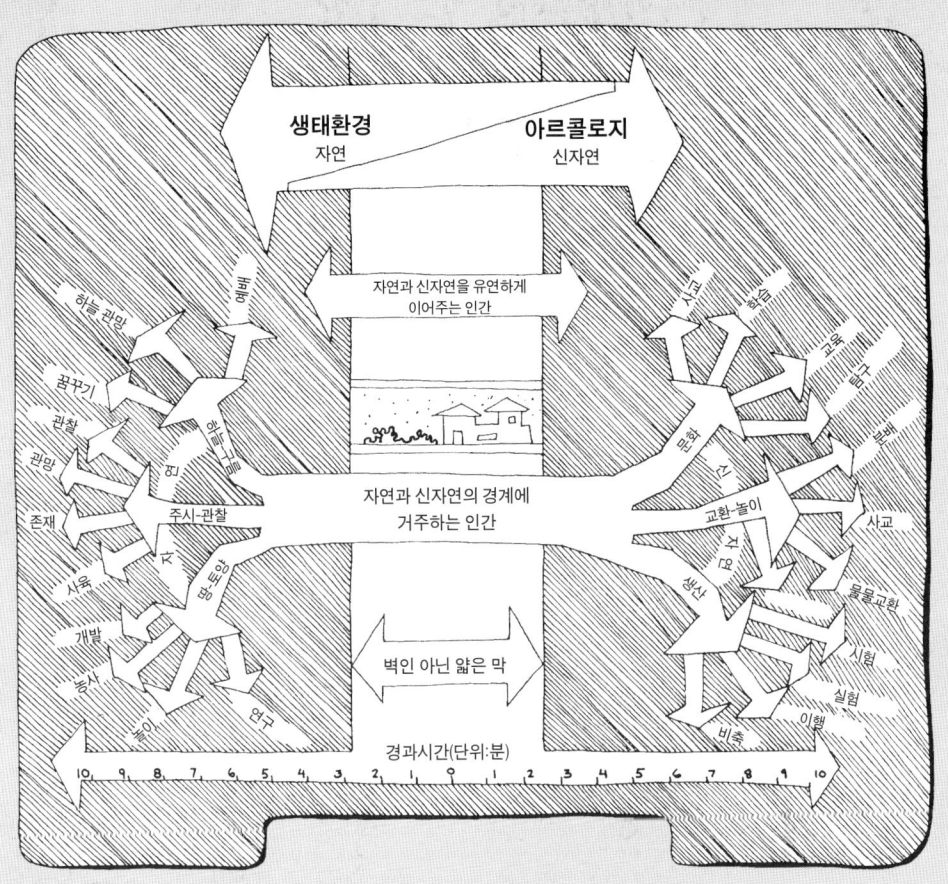

경계선은 복잡한 막이다.

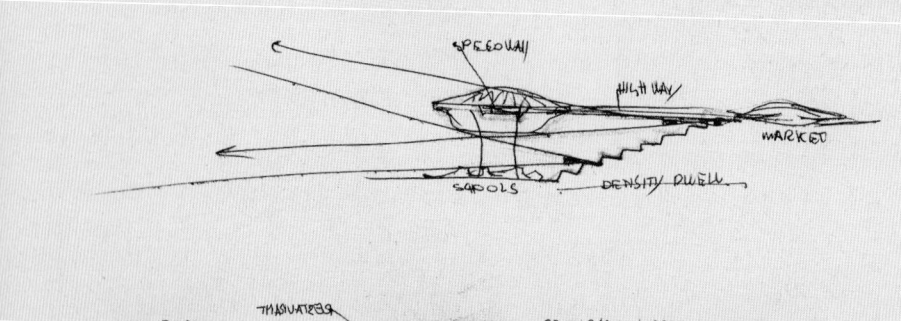

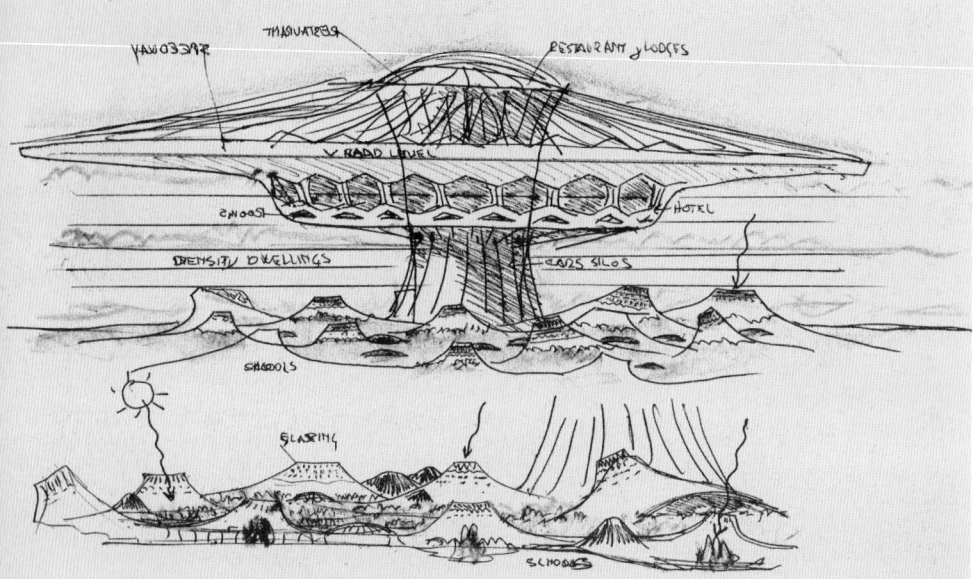

SEPTEMBER 1961 VIADUCT HOTELS - MOTELS CAR SILOS - SECONDARY SKOOLS - SHEL

고속도로

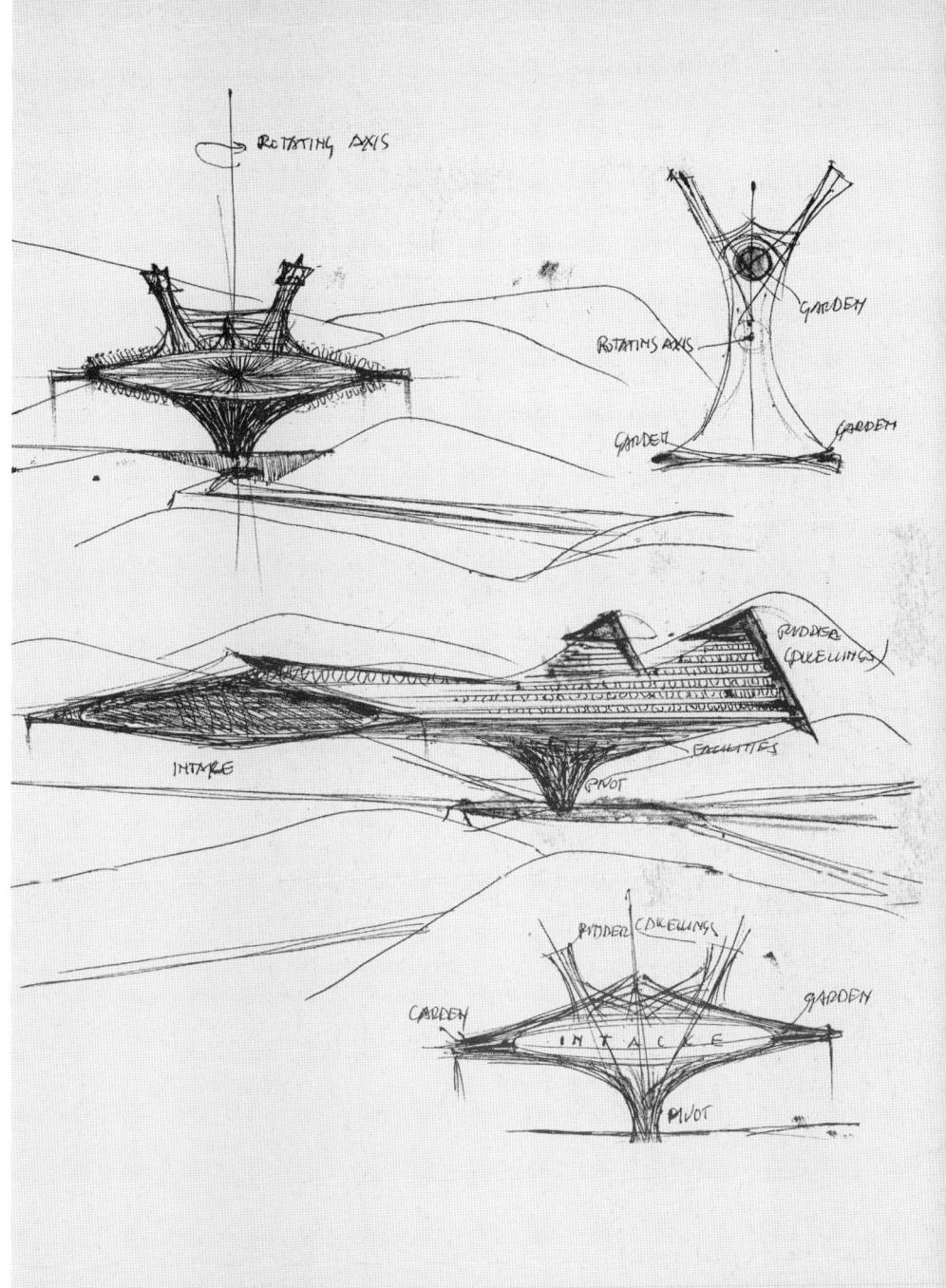

우주적 잠재성

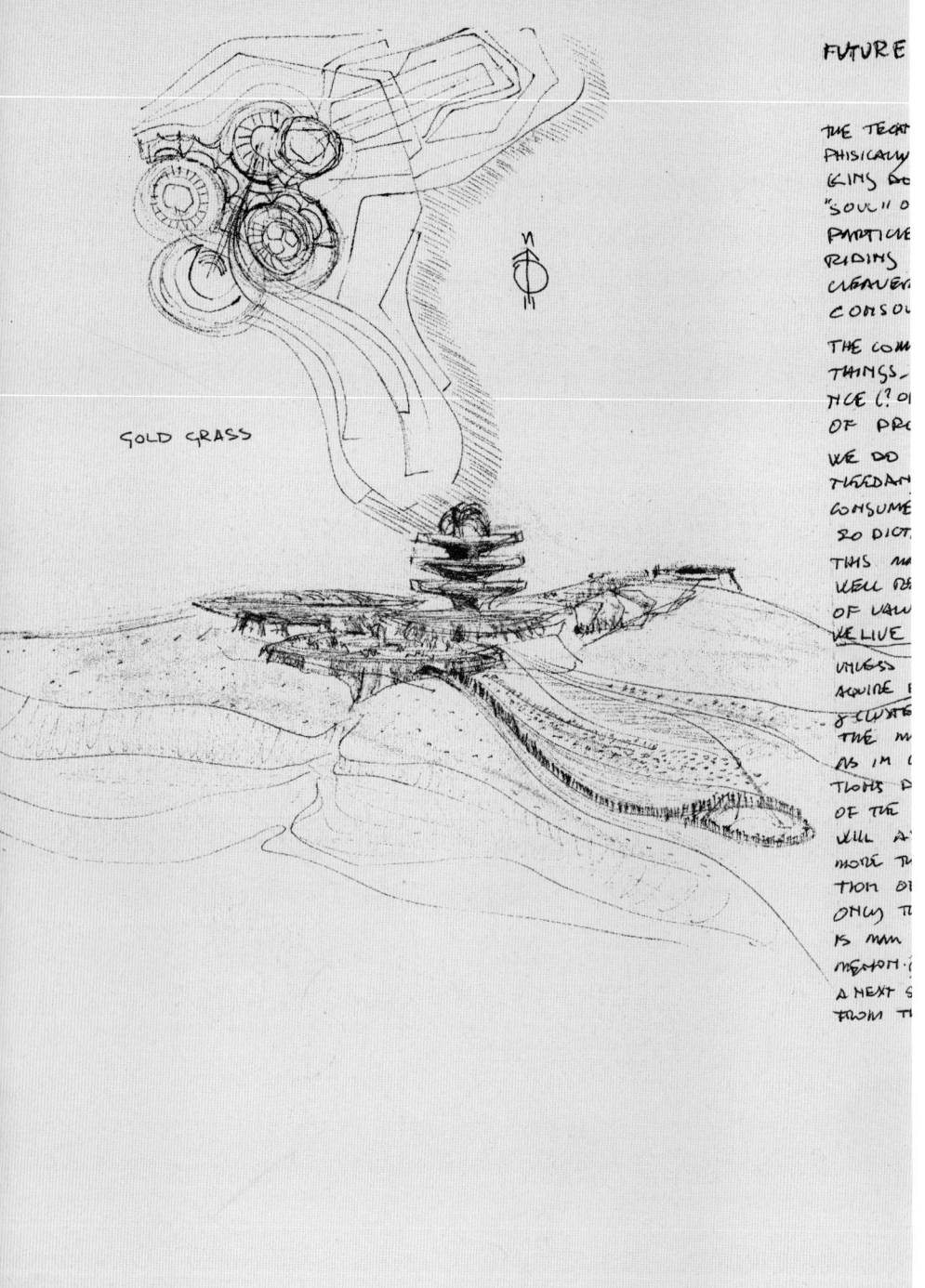

아르콜로지

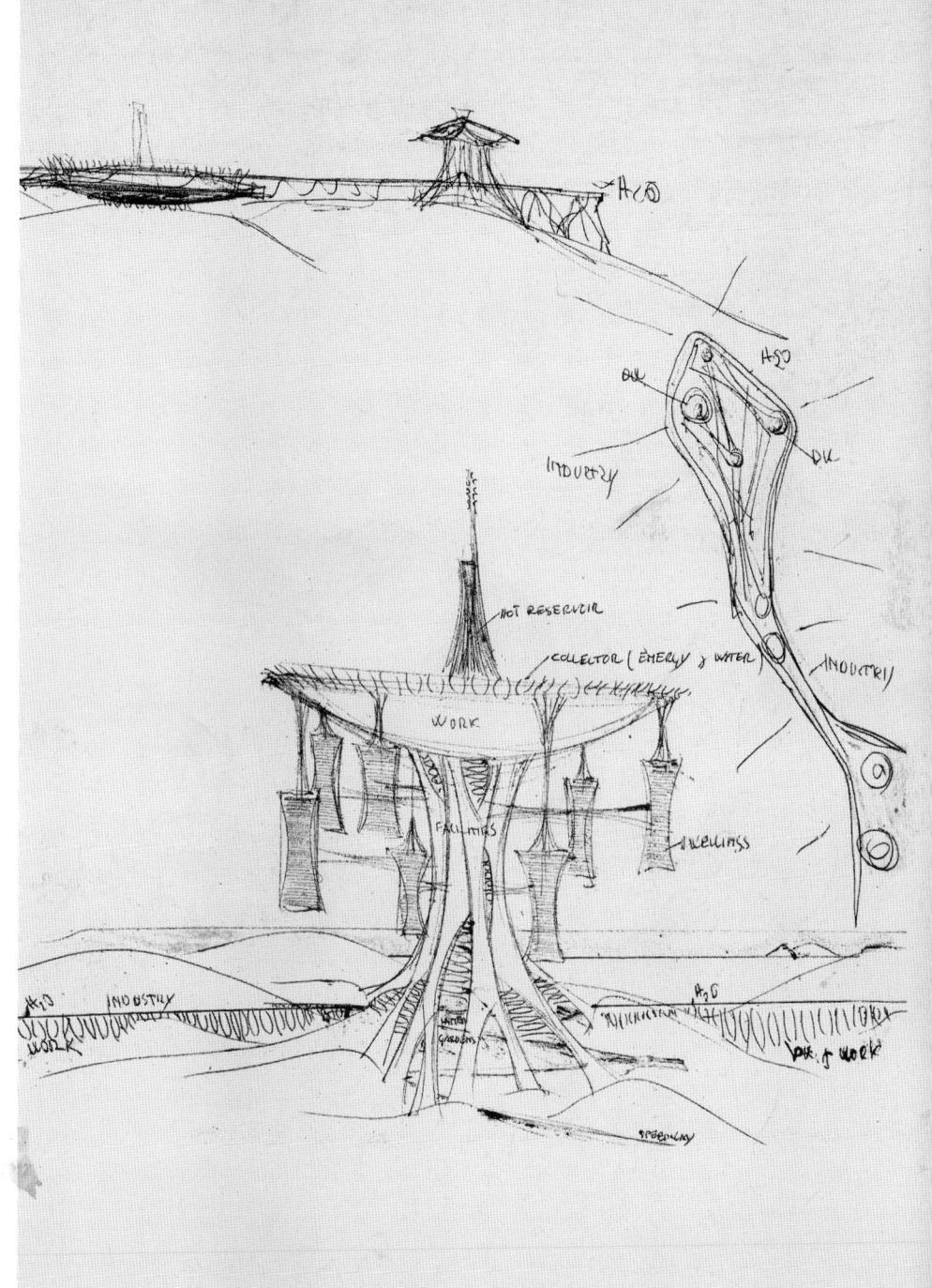

고층빌딩

기타

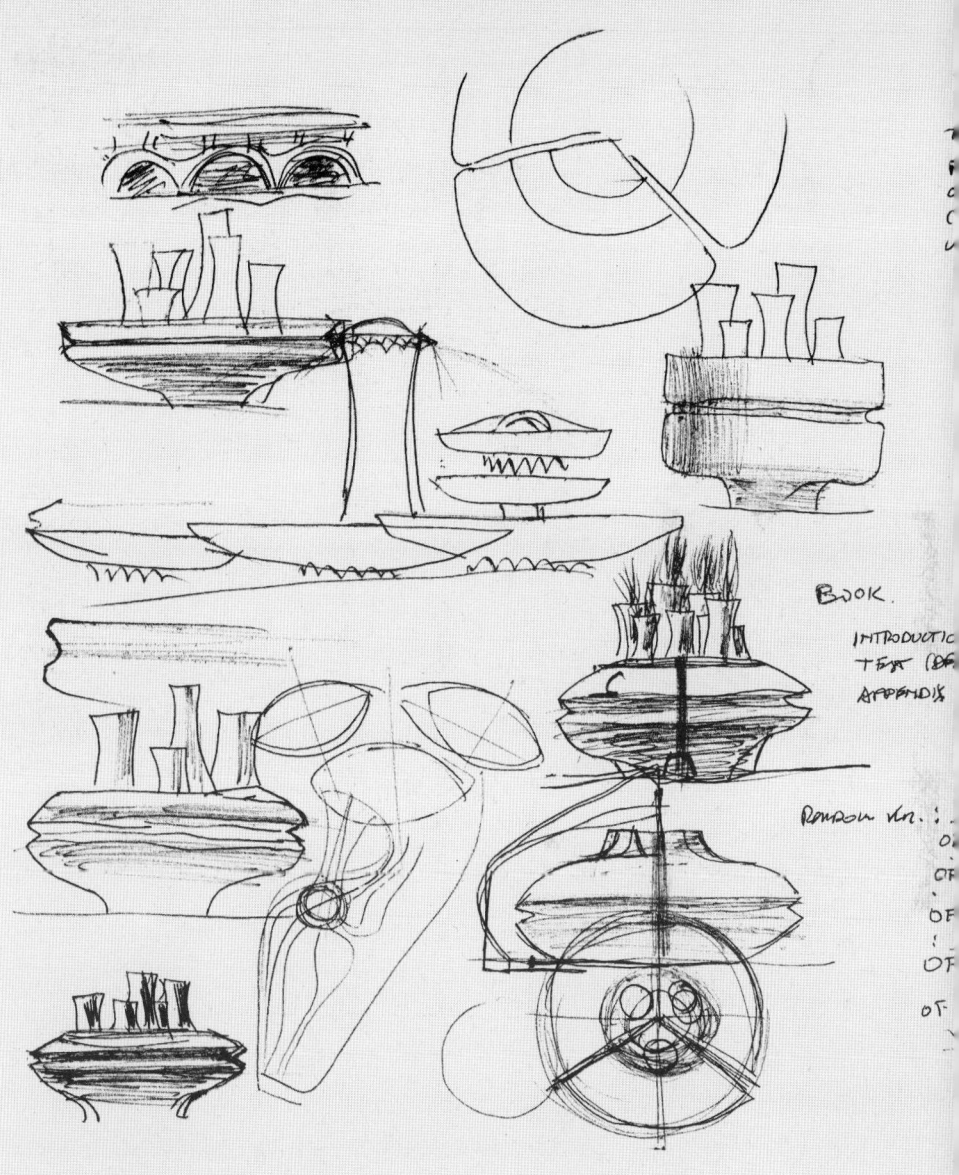

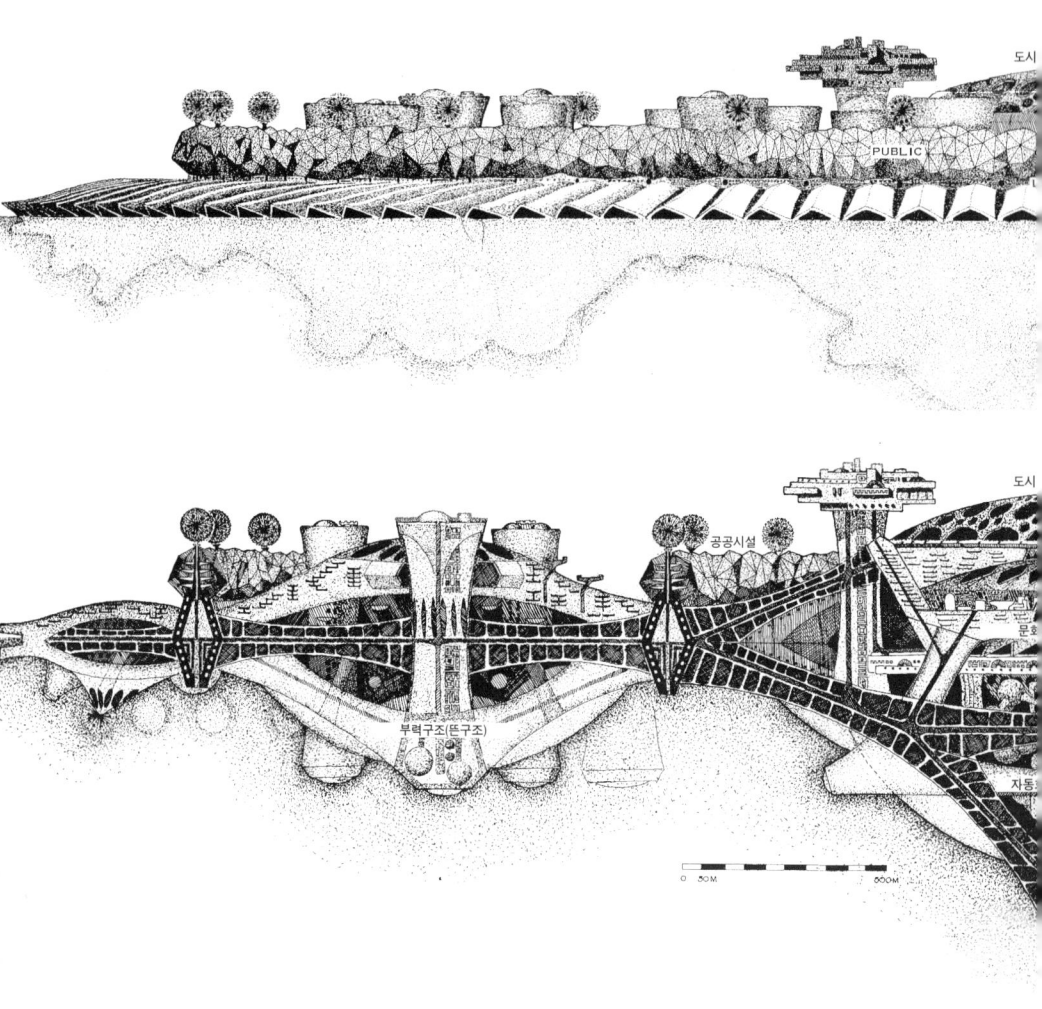

노바노아 I
Novanoah I

물 위에 떠 있는 아르콜로지 개념이다. 대기 중에 개방되지 않은 닫힌 거대 구조이며 그 내부에 정원과 운하가 있다. 비어 있는 관 모양의 골조가 기본 구조이며 거기엔 교통 시설과 환승 시설이 들어가 있으며, 이 구조체 하부에는 생산 시설과 저장 시설이 있다.

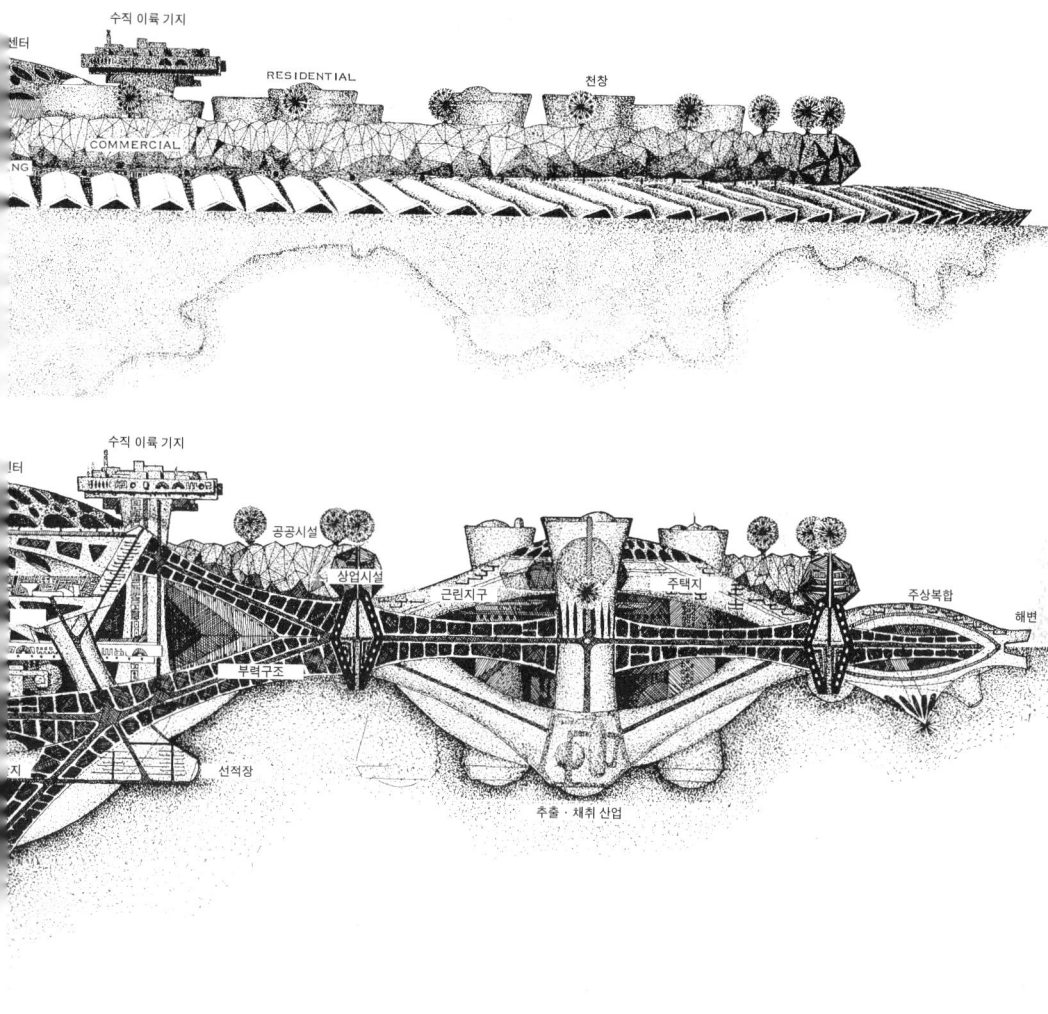

인구	400,000명
인구밀도	1헥타르당 148명, 1에이커당 60명
높이	1,000미터
표면적	2,750헥타르, 6,800에이커

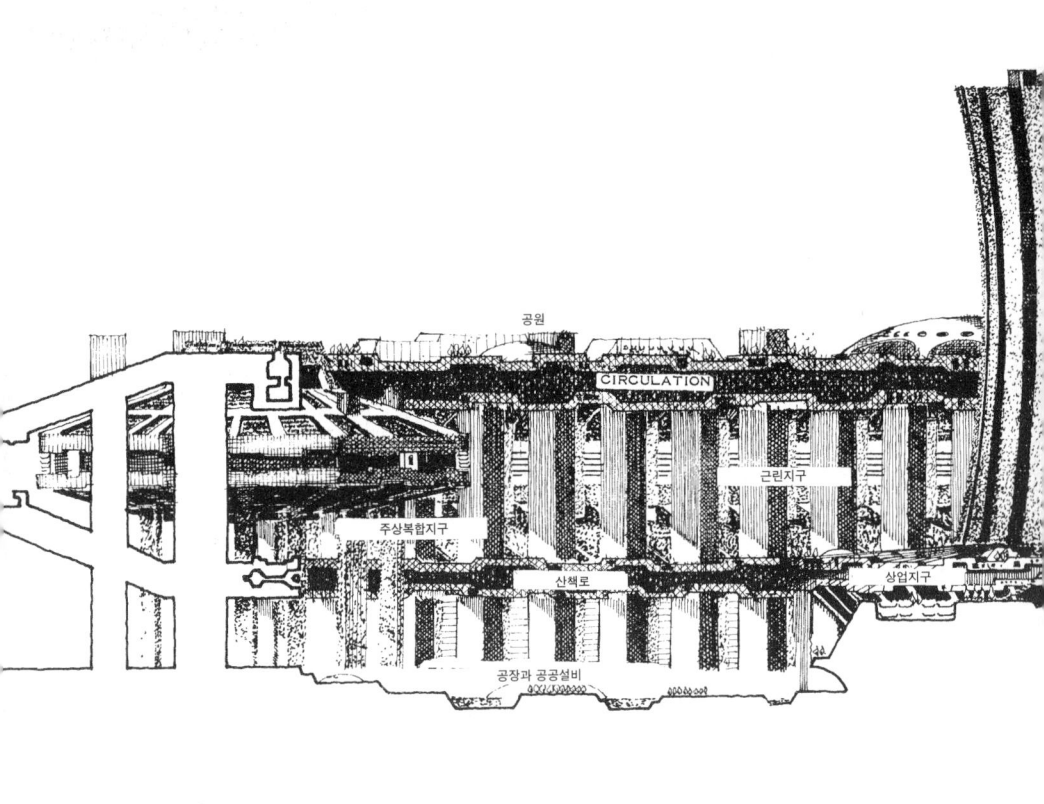

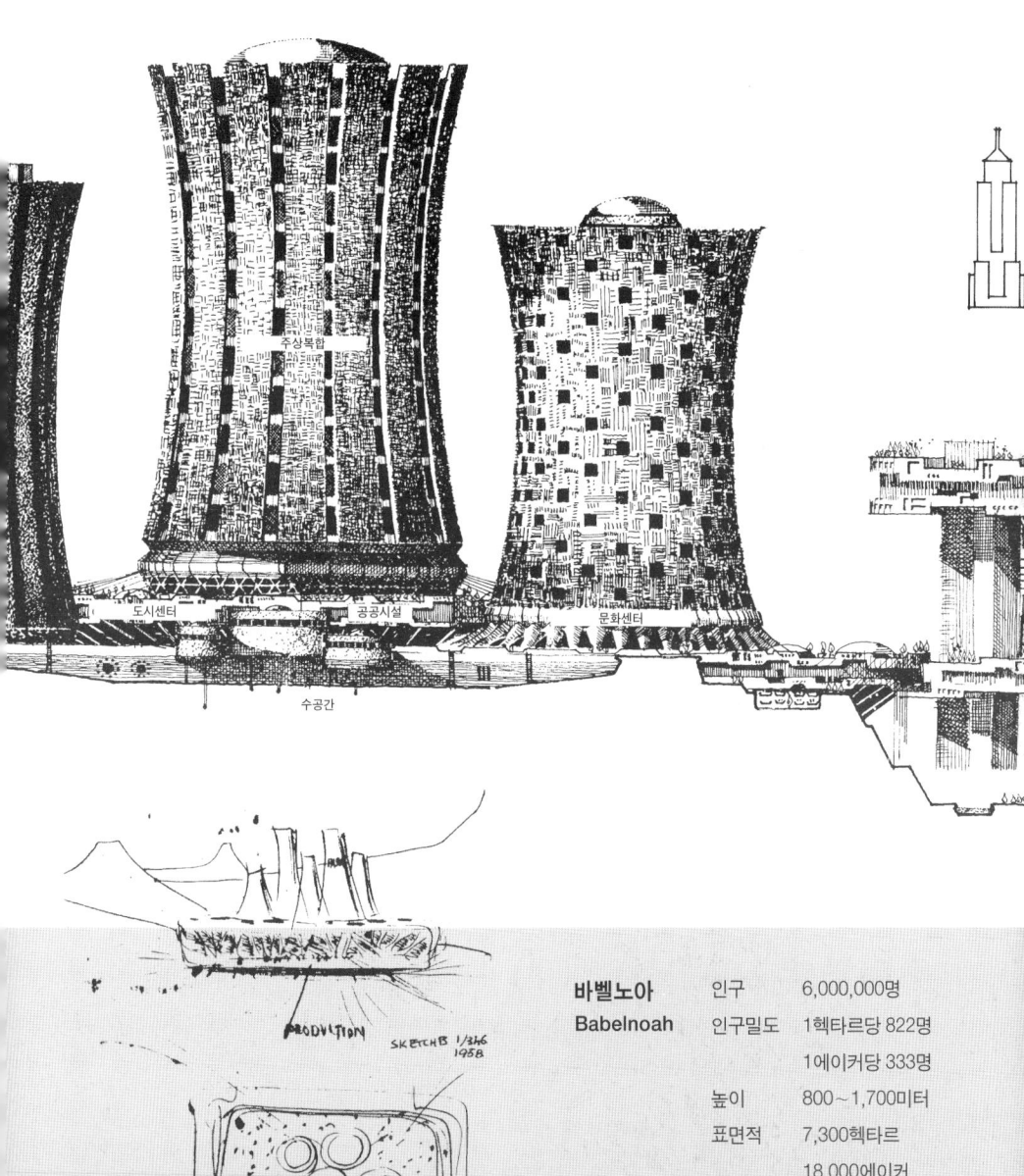

바벨노아 Babelnoah	인구	6,000,000명
	인구밀도	1헥타르당 822명
		1에이커당 333명
	높이	800~1,700미터
	표면적	7,300헥타르
		18,000에이커

바벨 IIB Babel IIB

바벨 IIB는 광물지층에 떠 있는 높이 1킬로미터, 직경 2킬로미터의 거대 구조물이다. 중앙 샤프트 내부에는 수직 교통 시스템과 공기 순환 장치, 엘리베이터, 설비와 배기 장치가 들어 있다.

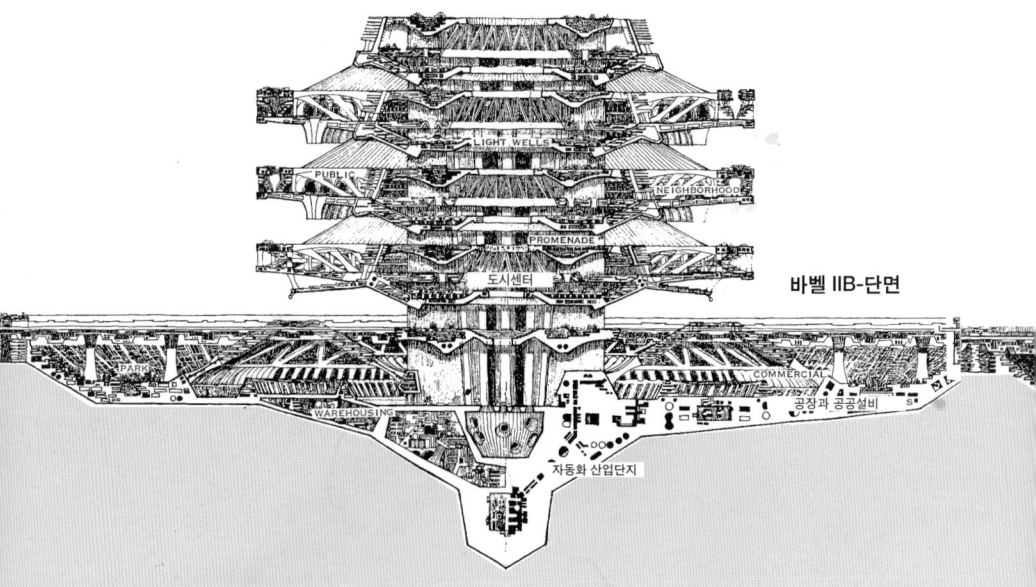

바벨 IIB-단면

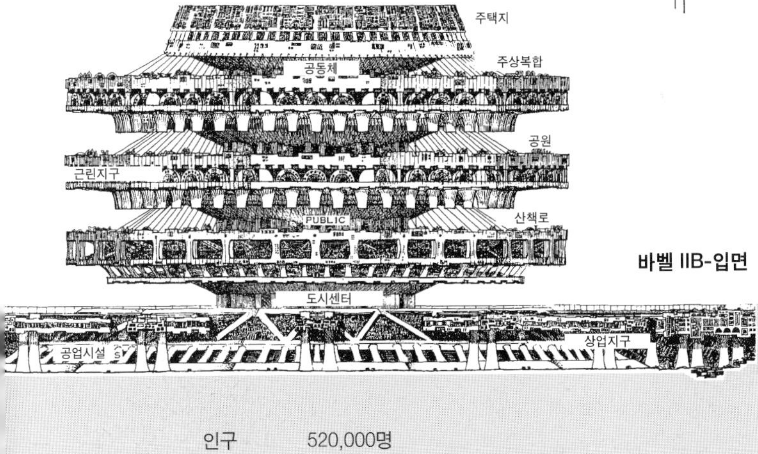

바벨 IIB-입면

인구	520,000명
인구밀도	1헥타르당 662명, 1에이커당 268명
높이	1,050미터
구조물 직경	3,160미터
표면적	778헥타르, 1,920 에이커

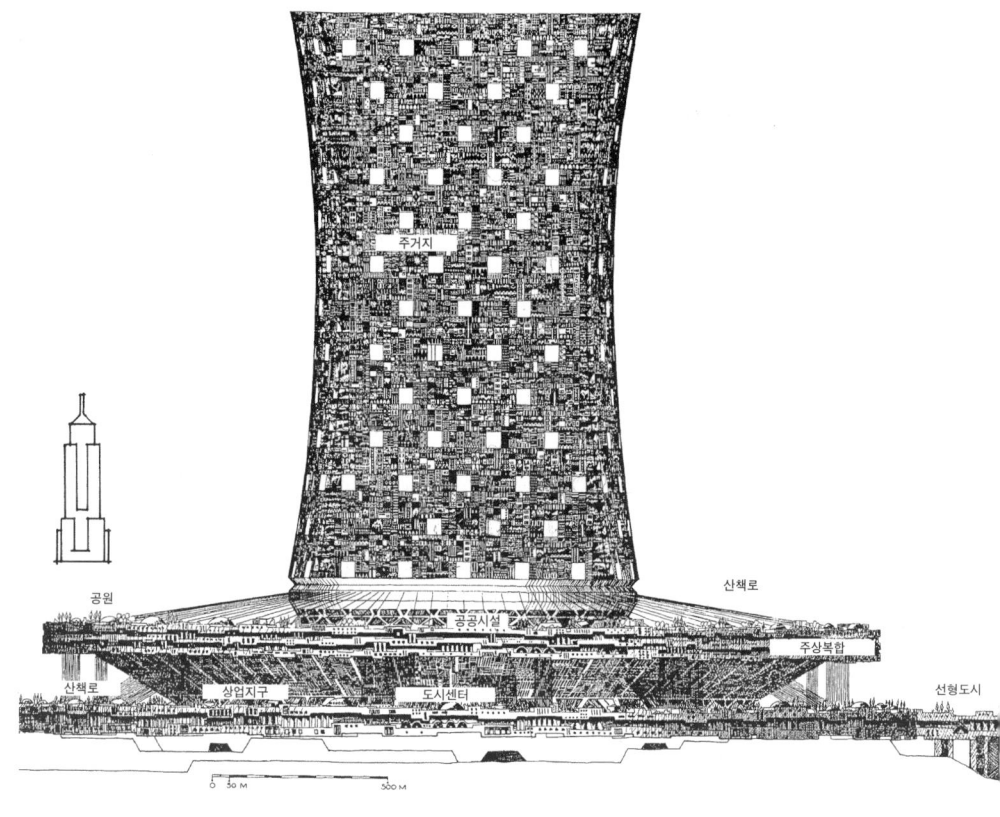

바벨 IID-입면

바벨 IID
Babel IID

높이 1,500미터, 직경 1킬로미터에 달하는 원통형 타워이며 이중 외피와 현수 구조로 되어 있다. 그 외관에 수천 명의 사람들이 모자이크를 이루며 구성된 유기체 개념이 적용되었다.

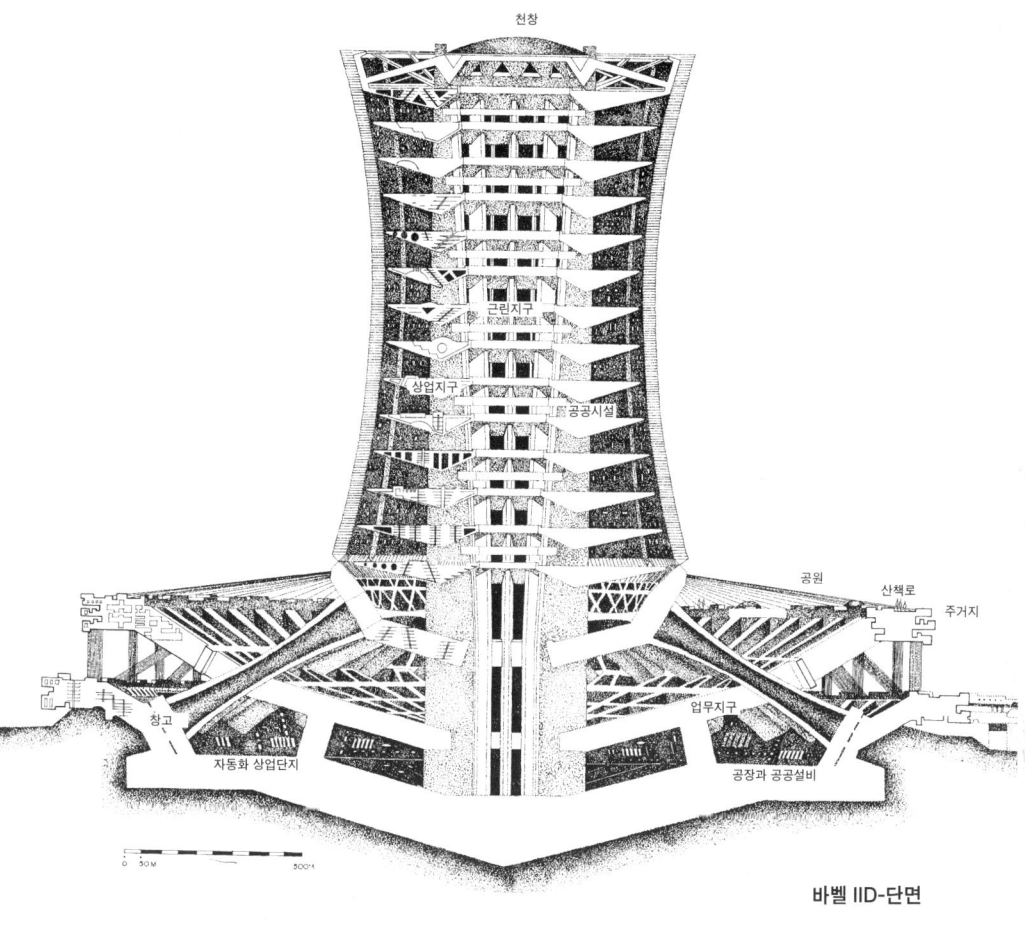

바벨 IID-단면

인구	550,000명
인구밀도	1헥타르당 842명, 1에이커당 341명
높이	1,950미터
직경	3,000미터
표면적	630헥타르, 1,555에이커

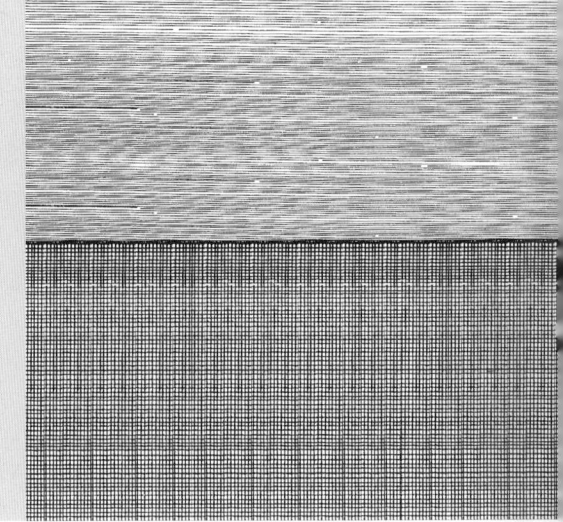

테올로지 Theology
벼랑 지대에 위치한 미래의 새로운 수도원은 중심부에 교육시설(학문 탐구 시설)이 들어선 세속적 도시여야 한다.

인구	13,000명
인구밀도	1헥타르당 328명
	1에이커당 153명
높이	100~500미터
표면적	34헥타르, 83에이커

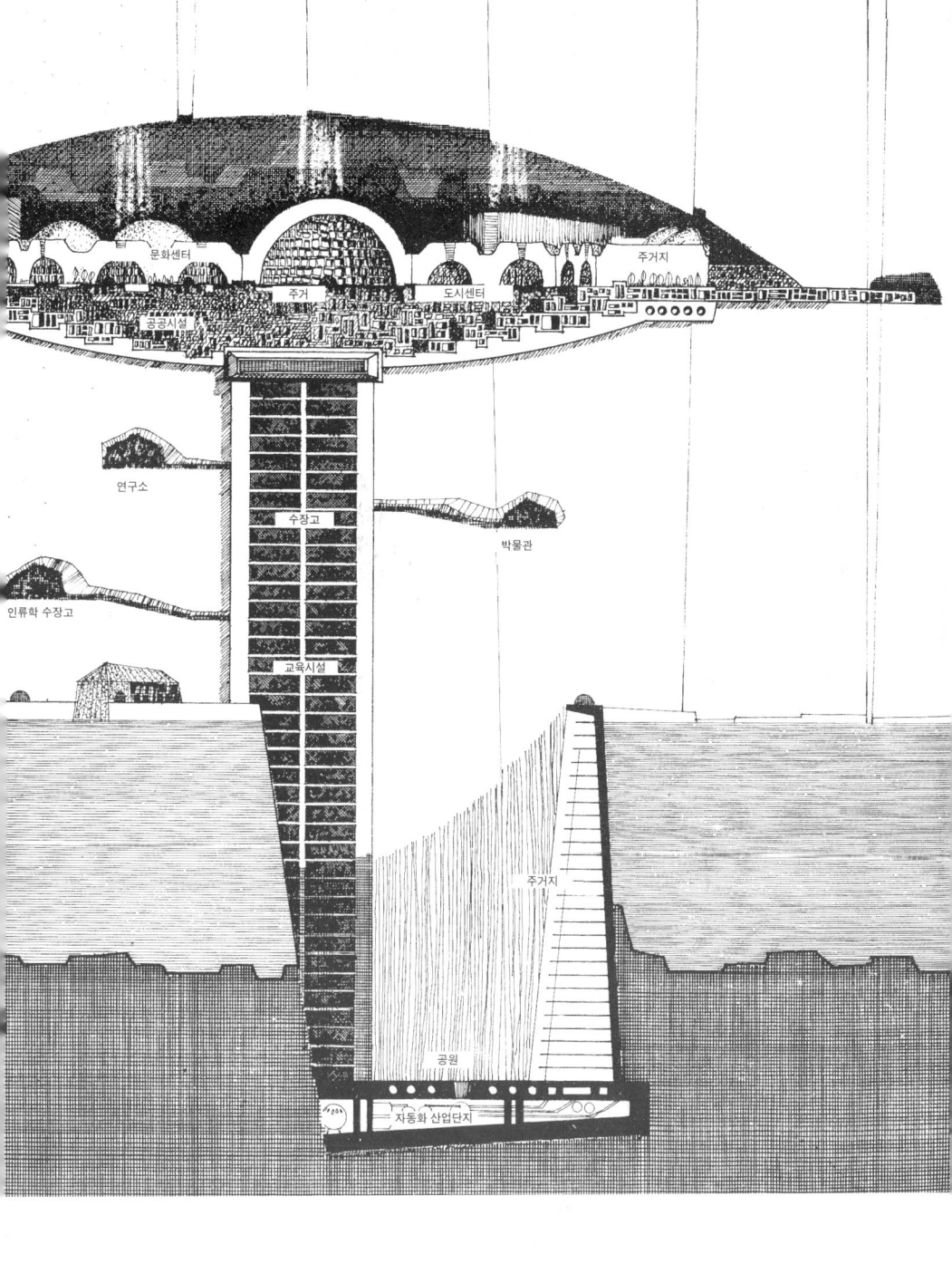

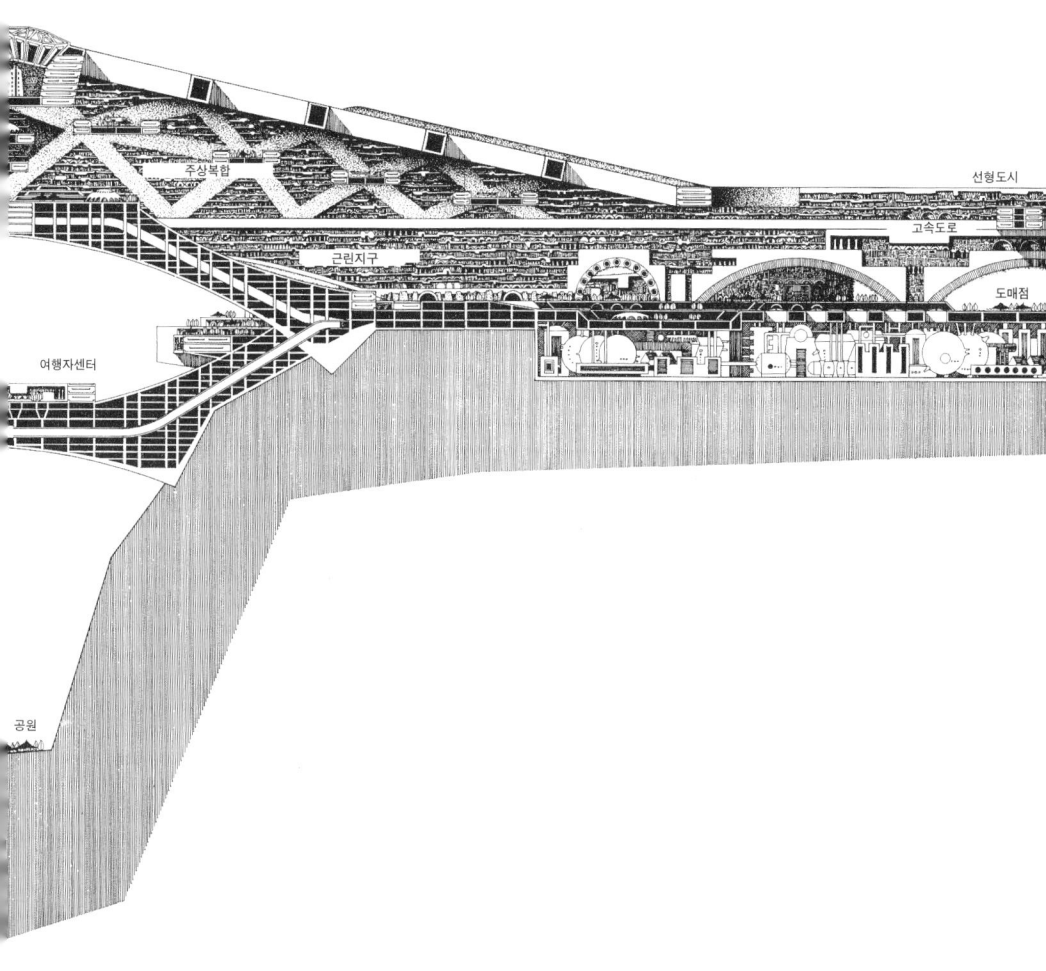

스톤보우	강이 흐르는 거대한 협곡 위를 가로지르는 구조물이며 두 사회 집단을 자연(계곡)이라는 요소를 통해 한데 결합하는 아르콜로지 개념의 실례이다. 강과 암벽, 계곡의 바닥은 하나로 연결되어 그 위에 배치된 주거지에서 사람들은 창을 통해 이 멋진 자연의 풍광을 누릴 수 있다.
Stonebow	

인구	200,000명
인구밀도	1헥타르당 4,482명
	1에이커당 600명
높이	150~450미터
경간	900미터
표면적	129헥타르, 316 에이커

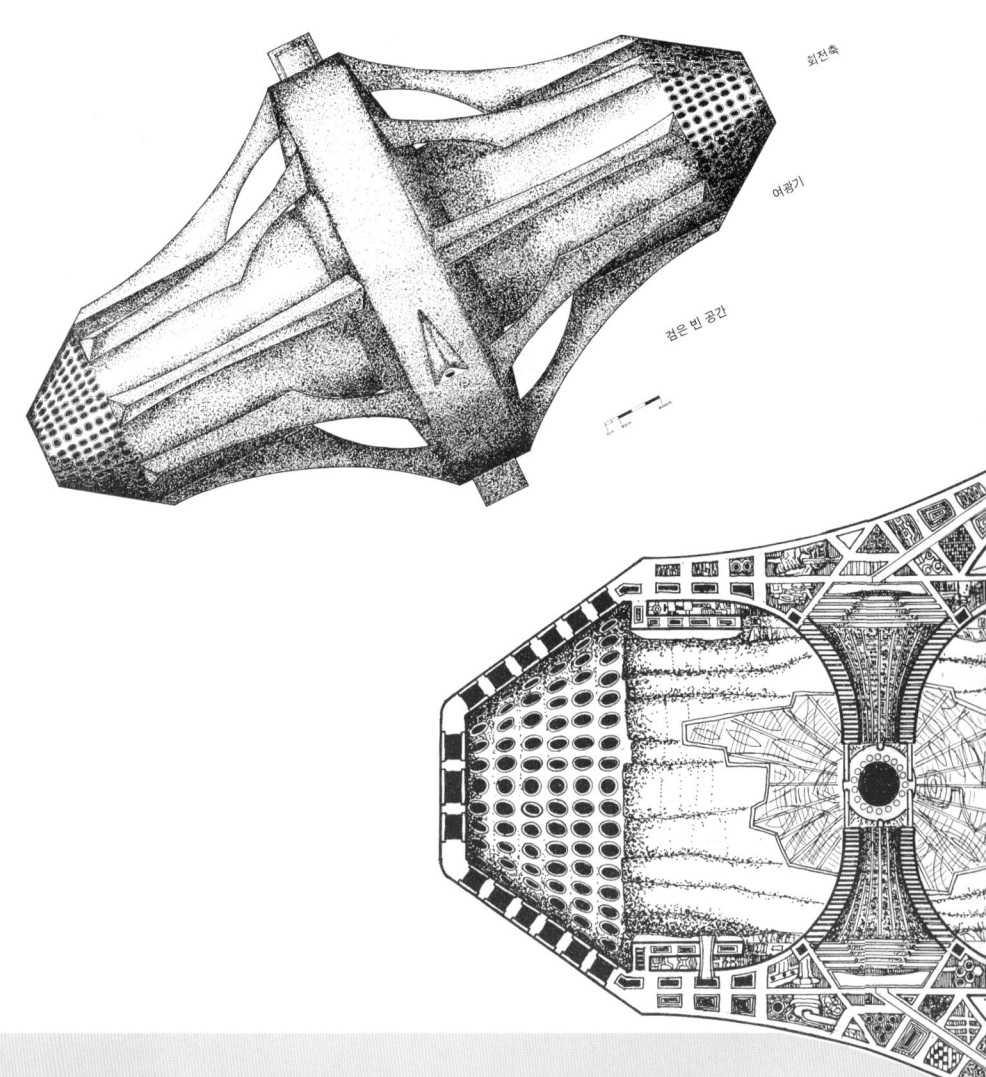

애스테로모
Asteromo

애스테로모는 7만 명이 살 수 있는 소행성이다. 구조물 자체는 이중 외피로 된 실린더형이며 주축의 압력과 회전 작용을 통해 팽창 상태가 유지된다. 안쪽 외피는 사람들이 걸을 수 있는 땅을 형성한다. 그 위에 식량 생산을 위한 농지가 마련되고 산소와 이산화탄소의 순환이 이루어지도록 되어 있다.

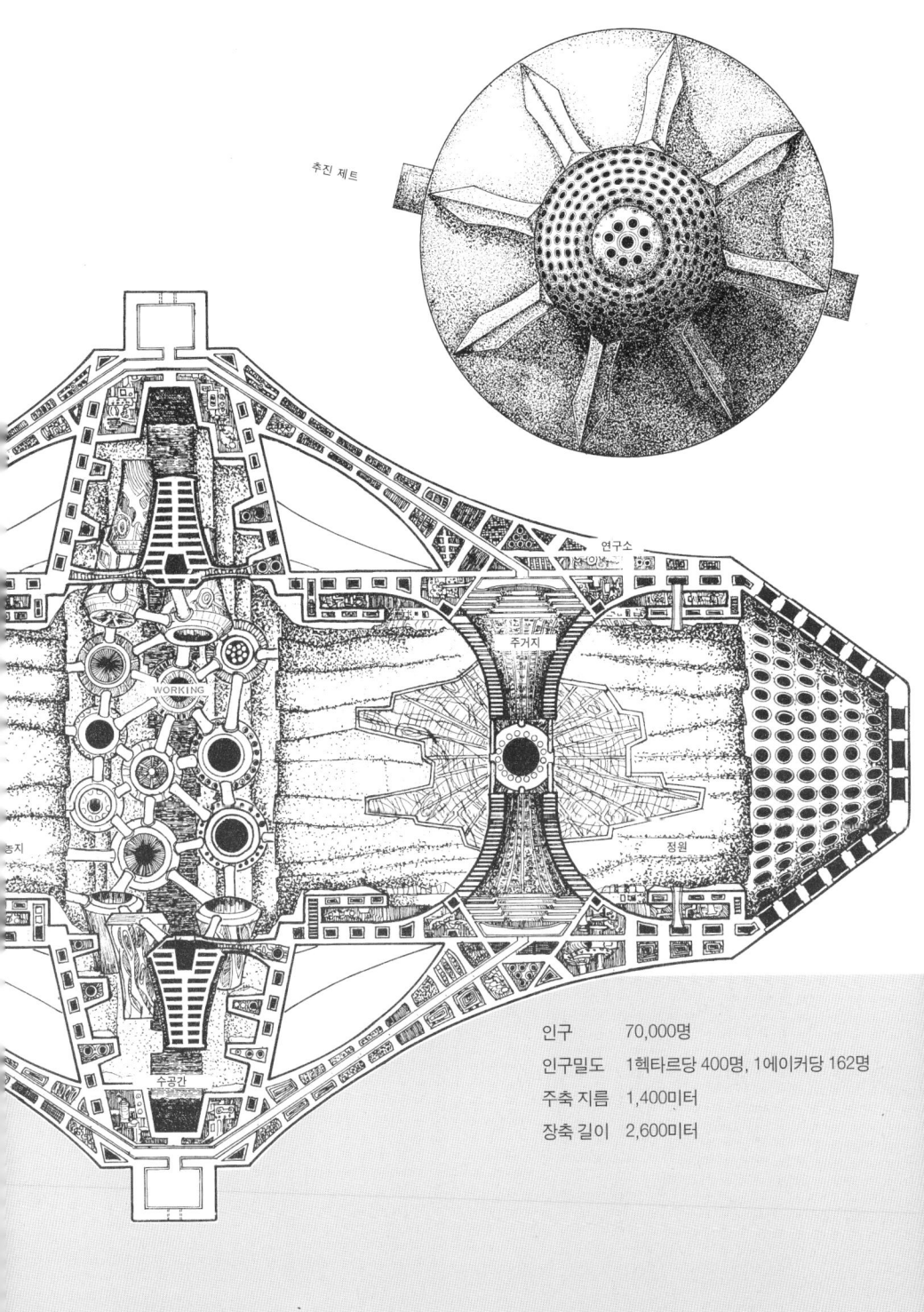

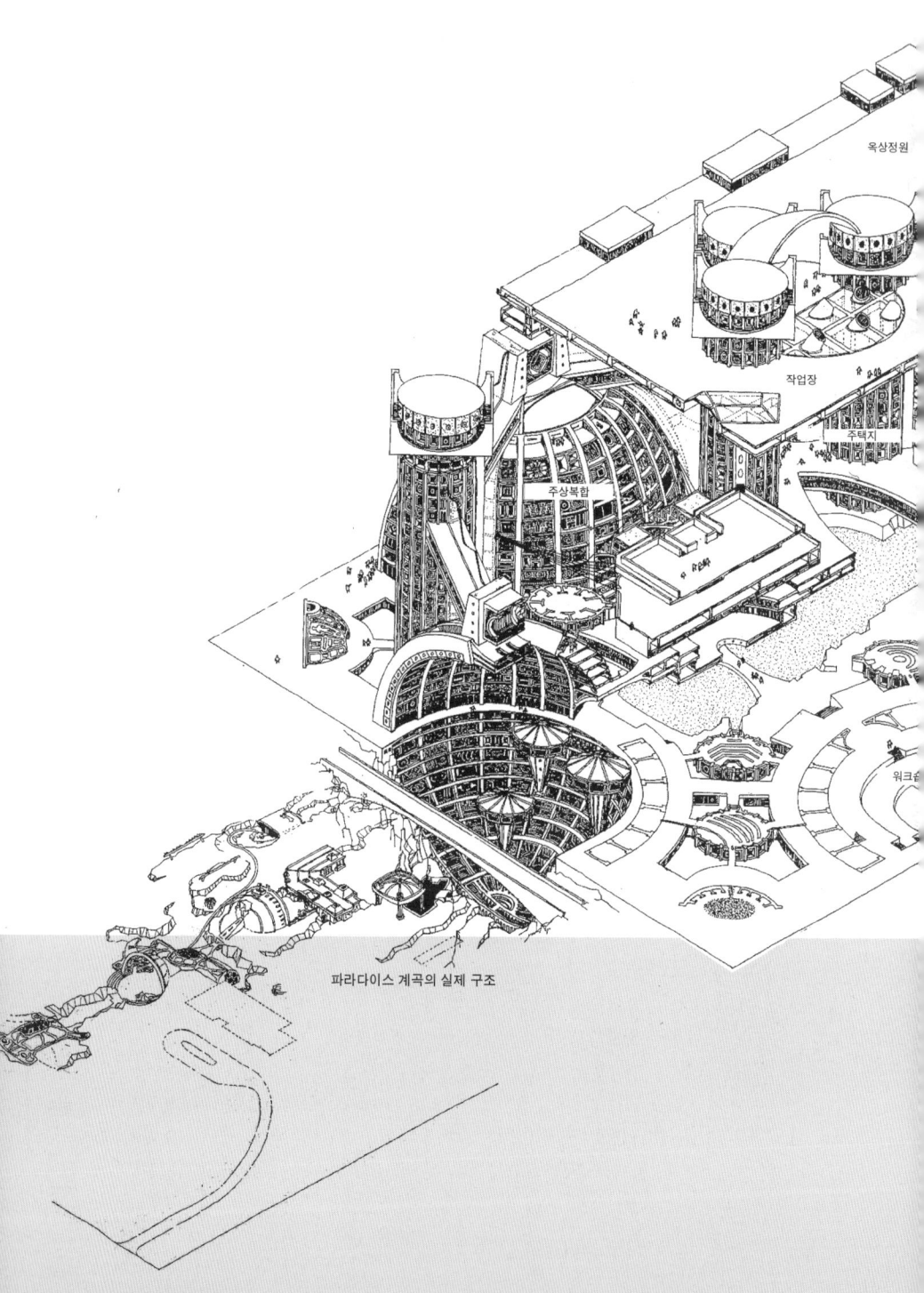

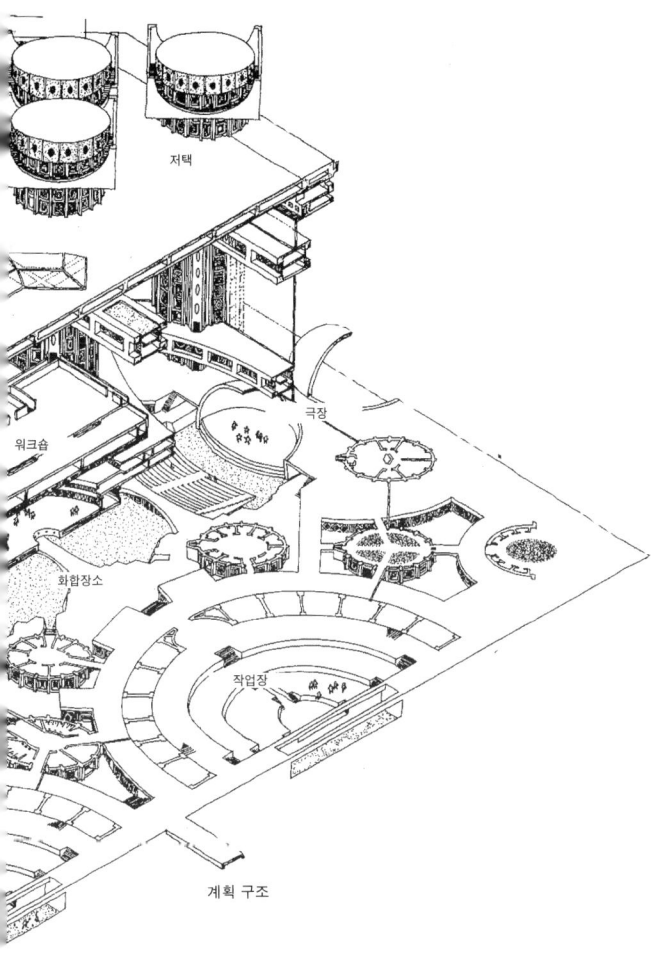

인구	1,500명
인구밀도	1헥타르당 531명
	1에이커당 215명
높이	50미터
표면적	2.8헥타르, 7에이커

아르코산티
Arcosanti

이 프로젝트는 코산티 재단의 새로운 환경으로서 계획되었으며, 미국이나 다른 나라에서 온 학생들의 도움을 받아 작업이 추진될 수 있기를 바라고 있다. 공동체 학교의 주된 관심은 아르콜로지 개념을 탐구하고 실험하는 일이다. 이 계획안은 약 1,500명을 수용하는 공동체를 위한 것이다. 면적은 6에이커에 달하고 그 높이는 150피트이다. 인구를 구성하는 대부분의 사람들이 학생들이나 도제생들이기 때문에 건물의 모듈은 가족 단위가 아니라 개인 단위를 기준으로 한다. 작업과 학습, 생활, 놀이는 모두 단일한 하나의 지붕 '아래'에서 이루어지며 그 밀도는 에이커당 약 200명 정도이다.

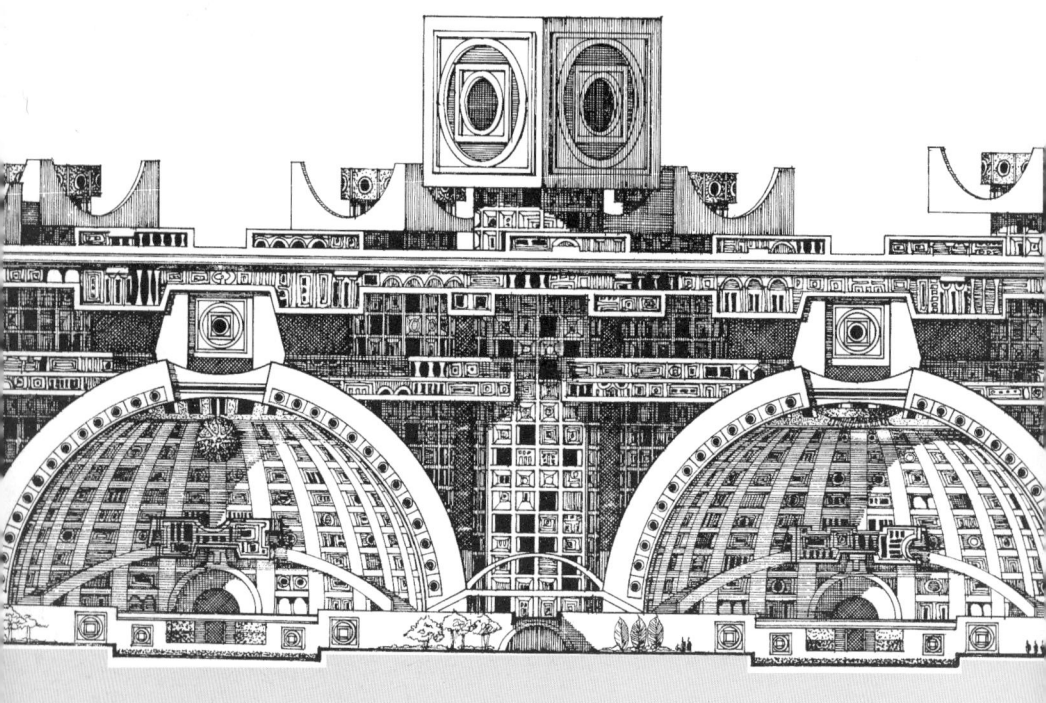

아르코산티 부분

아르코산티로 가는 길

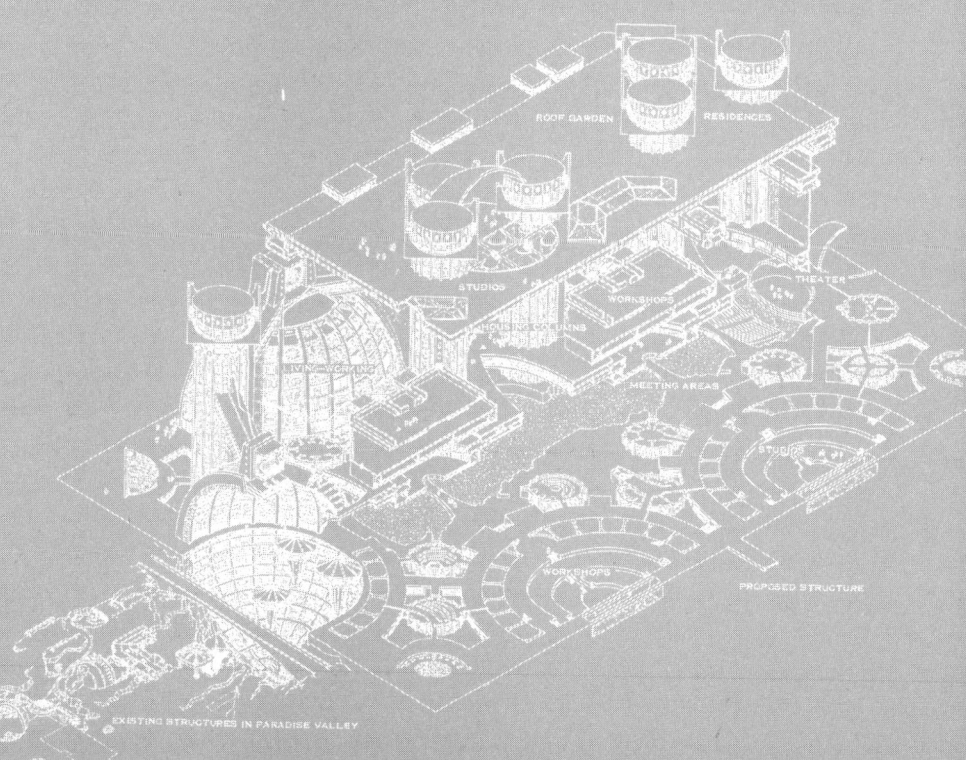

사진 제공: 정만영(서울산업대학교 건축학부 부교수), Michel Sarda

우리 시대의 다빈치, 파울로 솔레리

레오나르도 다빈치는 흥미진진한 시대 - 신앙과 전통이 배움과 호기심에 자리를 내어 준 시기 - 에 살았다. 역사적으로 르네상스라 불리는 이 과도기적 운동은 14세기에 시작되었으며, 중세와 근대를 나누는 분기점이 되었다. 이 시기의 특징은 미술과 문학의 부흥을 통해 표현된 고전의 영향이 인문주의 부활과 때를 같이하고, 근대 과학이 시작되었다는 점이다. 이 모든 것들 속에서 이탈리아 피렌체 사람이었던 다빈치는 매우 큰 부분을 차지했다. 르네상스는 새로운 종류의 예술의 태동과 함께 위대한 작품들이 탄생한 시기였다.

그때로부터 500년이 넘게 지난 지금, 우리의 생활과 도시에 대한 생각에 있어서 현대적 르네상스를 불러일으킬 만한 생각을 품고 있는 또 다른 한 명의 이탈리아인이 있다. 솔레리의 아르콜로지는 자연, 건축 그리고 정신적 실체가 모두 하나로 응집된 공동체의 느낌을 불러일으킨다. 그 도시들은 문화, 주거, 상업의 측면을 포함한 삶의 모든 양상을 포괄한다. 아르콜로지의 목적은 늘어만 가는 세계 인구가 필요로 하는 것을 검토하는 데에 있다. 특히 환경보전이 강조된다.

여기 관심을 한 몸에 받고 있는 사람이 있다. 파울로 솔레리의 삶은 타협의 여지없이 자신의 이상적 목표를 향하며 쏟아 낸 강한 열정으로 가득 차 있다.

그는 사회에 만연하는 무관심을 안타까워한다. 솔레리는 다음과 같이 지적한다. "사회는 나를 이용하지 않았다. 물론 그것은 내 잘못이기도 하다. 하지만 내가 어떤 방책을 가지고 있기 때문에, 아주 강력한 영향력을 가져다 줄 일들을 할 수 있다고 주장하는 것은 그리 좋지 않다."

솔레리는 현 시대의 가장 중요한 쟁점을 도시의 영향으로 본다. 그는 우리가 도시의 무분별한 확장이 환경에 미치는 해로운 영향에 대해 검토해야 할 뿐만 아니라 이와 같은 성장세를 억눌러야 한다고 촉구한다. 솔레리는 현대 도시가 인간을 자연 세계로부터 격리시킴으로써 사회적 고립과 생태적 파괴를 일으킨다고 역설한다. 그의 사상은 사회적 그리고 문화적 대변화를 동시에 요구한다.

솔레리는 교외지역이 그와 같은 격리 현상을 조장한다고 믿는다. 그는 이렇게 말했다. "개인과 집단의 존엄성과 행복을 가장 위협하는 것이 격리입니다. 이 지구에서 성장한 생명체의 구조와 본성 속에는 고유한 이치가 있지요. 어떠한 건축물, 디자인, 사회질서가 그와 같은 구조와 본성을 거스른다면 그 자체는 물론 우리에게도 해로울 것입니다. 같은 이치로 유기체의 원리에 바탕을 둔 건축물, 디자인, 사회질서는 합당하며 그것을 증명할 것입니다. 자연보호는 인간으로 하여금 자신이 그 안에서 존재하고 삶을 영위하며 일하는 것을 혜택으로 느끼게 할 정도로 아름다운 도시들을 만들어 낼 때만이 성공할 것입니다."

다빈치와 솔레리 둘 다에게 자연은 훗날 형태를 발견할 발상을 가져다주었다. 다빈치는 한때 시골을 여행했었고 그것은 자연에 매료되어 살았던 그의 일평생의 시작이었다. 솔레리는 젊은 시절 자신의 아버지와 함께 이탈리아 알프스 산에 올랐다. 그는 이렇게 회상한다. "우리는 몇 시간 동안이나 아무 말도 나누지 않았답니다. 그저 걷거나 산을 기어올랐죠. 그것은 매우 힘든 육체적 활동이었지요. 하지만 몇 년 지나고 나서 그것이 정말, 정말로 훌륭한 경험이었다는 것을 깨달았답니다."

솔레리는 그 풍경 속을 헤집고 다니며 수백 시간을 보냈다. 식물과 나무, 그리고 동물들의 세계를 돌아다닌 것이다. 여기에서 그는 후에 건축과 자연에 대한 그의 사상의 기원이 된 모든 생명체들 사이의 관계에 대한 깨달음을 심화시켰다. 이와 같이 이른 자연과의 만남을 통해 그는 또한 종교적 개념들을 이해하고자 더욱 노력하게 되었다. 솔레리는 후에 『오메가 시드(The Omega Seed)』라는 책에서 불가사의한 영적 철학에 대해 말하며 자신만의 이론들을 발전시킨다.

솔레리는 재능을 인정받아 이탈리아의 튜린(Turin)에 있는 토리노 공대에 입학하여 공부하게 되었다. 그리고 그곳에서 우등으로 졸업하여 건축학 박사학위를 받았다. 그 뒤에 그는 탈리에신 웨스트에서 장학금을 받고 견습생으로 프랭크 로이드 라이트와 함께 일할 기회를 잡았다. 하지만 그가 선택한 길은 프랭크 로이드 라이트가 추구했던 건축물과 환경의 친화적 공존과는 전혀 다른 것이었다. 솔레리는 주거의 밀집, 주거의 사회적 효과 그리고 도시에 미치는 환경의 영향을 다루었다. 솔레리는 도시의 성장을 최소화하기 위해 그의 생태학적 관심에 세계적인 차원을 더했다. 솔레리에게 그 시간들은 바쁘고 또한 도전적인 나날이었다. 패기에 넘쳤던 솔레리는 1947년부터 견습생 신분으로 애리조나를 누비기 시작했다. 그는 탈리에신 웨스트에서 마크 밀스와 함께 살았고 작업을 같이 하기도 했다. 그 둘은 함께 케이브 크릭(Cave Creek)에 유리 돔이 있는 주택(지금은 돔 하우스라고 불린다.)을 디자인하고 세우기도 했다. 그 디자인 속에 포함되어 있는 독특한 냉난방 시스템으로 인해 그들의 작품은 주목을 받았다. 솔레리는 이 프로젝트를 하면서 좋은 일이 하나 생겼다. 바로 그가 디자인해 준 집에 살던 가족 중 한 사람인 콜리와 만나 결국에는 결혼까지 이른 것이다. 콜리와 솔레리는 화목한 관계를 누렸으며 두 아이를 키웠고 두 명의 손주를 보았다. 하지만 몇 년 전 콜리의 때 이른 죽음으로 그 결혼생활은 끝이 나고 말았다.

솔레리는 수천 장의 종이들을 자신이 스케치한 미래 도시들로 채우곤 했다. 그 당시보다 생각이 앞서 나갔던 그는 지구 밖 우주 공간에 떠 있는 도시, 바다 위 도시, 다리 위에 매달린 도시 등을 향한 기획을 발전시켰다. 비록 솔레리의 생각을 따라 실제로 건설이 시작된 것은 오랜 시간이 지나서였지만 아르코산티를 향한 씨앗이 심어진 것이다. 솔레리가 품었던 인간을 위한 더 나은 미래의 개념은 내일의 도시가 어떠한 모습일 수 있고 또한 어떠한 모습이어야만 하는지를 모색해 보는 것이었다.

사막에서 작업을 하고 나서, 솔레리는 이탈리아로 돌아와서 공부를 계속하여 우주적 잠재성(Cosmic Potential)에 대해 글을 썼다. 그는 바람, 적외선, 수문학적 힘, 조수 차이에 나타난 태양에너지가 인간 주거지와 어떠한 관계를 가지는가를 파고들었다.

솔레리는 남부 이탈리아에 있는 어느 큰 요업 공장의 디자인을 의뢰받은 적이 있었다. 요업 공예품을 접한 경험이 있어 그는 캐스트 클레이(cast clay)를 생산하고 그 이후에는 동으로 된 풍경을 제작할 수 있었다. 특히 풍경 제작은 궁극적으로는 웅대한 아르코산티 프로젝트의 자금을 지원하는 데 큰 몫을 담당했다.

1950년대에 솔레리는 애리조나로 돌아왔다. 솔레리는 아내와 함께 제한된 재정이지만 스콧데일에 비영리 단체인 코산티 재단을 설립했다. 이 단체는 그의 인본주의적 발상을 발전시키는 일종의 도약대와 같은 역할을 했다. 실험적 성격의 어스 하우스(earth house)가 바로 그 땅 위에 개발되었다. 솔레리는 여기에다 주물공장을 세워서 방문객들이 지금은 아주 유명해진 아르코산티 종을 구입할 수 있게끔 했다.

1970년 아르코산티에서 공사가 시작되었다. 계획은 6,000명까지 수용할 수 있는 전형적인 마을을 만드는 것이었다. 솔레리는 그의 사상을 나타내기 위해 아르콜로지라는 용어를 만들어냈는데 그것은 지구의 생태계와 동행하는 건축이라는 뜻이다. 이런 맥락 속에서, 축소된 규모의 도시들이 지어질 예정이었다. 그는 이것을 소형화라고 부른다. 에너지와 원료 그리고 토지 이용을 최소화함으로써 폐기물과 환경오염을 효과적으로 줄이고 역으로 자연환경이 도시를 둘러싸는 것이다.

이 프로젝트의 초기 단계는 조화로운 방식으로 건축적 구조물들과 환경을 혼합시키는 것이었다. 이후에 아르코산티가 그 목표에 도달하지는 못했지만, 그것은 미래 도시를 위한 솔레리의 독창적이며 응집된 여러 사상들을 실제로 구체화하려는 목적 하에 진행되었다. 아르코산티는 솔레리가 기본적이고 주요하다고 열정적으로 믿고 있던 개념들 중 몇 가지를 실제로 적용할 수 있는 기회를 제공해 주었다. 그가 말하길, "내가 생각하던 바대로 그것들이 돌아가는지 시험해 볼 수 있습니다. 후손들에게 무언가를 남겨 주기 위해서죠."

그 프로젝트의 시작 이래로, 연간 5만 명이 넘는 사람들이 비포장도로를 가로질러 와서 많은 사람들이 그곳에 거주하면서 진행되고 있는 건물 공사에 동참해 왔다. 어떤 이들은 콜리 솔레리를 기리기 위해 1980년부터 시작해 매년 이어져 온 특별 저녁식사와 콘서트에 참여하기 위해 오기도 한다.

미래를 내다보는 사상가로서 다빈치에 비유되기도 하지만, 솔레리는 "너무 앞서가면 지루해요."라고 말한다. 솔레리에게 꿈이 있다면 아르코산티가 도시계획에 르네상스를 일으키는 것이다. 물론 너무 늦기 전에 말이다.

도시는 철저하게 지구를 변형시킨다. 농지를 주차장으로 변모시키고 엄청난 양의 시간과 에너지를 소모하여 사람들과 상품들, 서비스들이 제대로 기능할 수 없는 상태까지 끌고 간다. 그 대안은 도시를 외파시키기보다 내파시키는 일이다. 그 진화에서 볼 수 있듯이 자연에서 유기체는 복잡성을 증폭시키는 동시에 좀 더 조밀하며 소형화된 체계가 된다. 인간의 문화를 지탱하는 복잡한 여러 활동들을 지원하기 위해서는 도시도 유기체처럼 작용해야만 한다. 도시는 인류의 진화를 돕는 필수적인 도구이다.

아르코산티의 첫 삽을 뜨다

1970년에 공사가 시작되었다. 솔레리에게 그것은 인간에게 유익을 가져다 줄 공동체 도시에 대한 발상이 현실화되는 것이었다. 아르코산티의 성장이 느리게 이루어지고 있긴 하지만 현재 진행 중인 작업은 미래 계획의 원형으로 그 역할을 하고 있다. 이곳에서는 여러 가지 아이디어들이 실험대에 오르고 있다.

솔레리가 품은 생각은 피닉스에서 북쪽으로 약 110킬로미터 떨어진 곳에 위치한 사막 지대의 860에이커 되는 조그마한 땅덩어리 위에 6,000명까지 수용할 수 있는 주거지를 포함하는 마을을 세워, 건물들과 자연환경이 공존할 수 있게끔 조성하는 것이었다. 이곳에서 그는 도시의 스프롤 현상과 그것의 해로운 영향력을 제거해 버리는 생활 양식을 장려하려 했다. 사람들의 일상 생활과 일, 쇼핑과 여가 활동이 모두 쉽게 걸어 다니며 해결할 수 있을 정도로 짧은 거리 내에서 이루어지기 때문에 교통체증과 같은 일은 더 이상 발생하지 않는다. 자동차들은 마을 외부로 이동할 때처럼 필요한 경우에만 사용된다. 아르코산티에는 사생활을 침범하지 않되 공간을 최대한 활용하기 위해 높은 건물이 주로 들어선다. 빌딩과

서비스 시설들이 오밀조밀하게 몰려 있는 덕택에 넓은 공간의 토지가 생겨서 농업과 휴양을 위해 쓸 수 있다.

아르코산티는 모든 연령층의 사람들을 하나의 공동체로 모으려는 실험적 프로젝트이다. 일부 사람들은 건설과 수공예를 실제로 경험하고 매일 또는 매주 있는 워크숍에 참여하기 위해 이곳을 찾는다. 다른 사람들은 조금이나마 검소한 조건에서 실제로 살아 보기 위해, 다양한 기술을 배우고 솔레리의 지혜로운 생각들을 본받기 위해 미국 도처에서 찾아온다.

올드 타운이라고 불리는 아리코산티의 초창기는 약 100명 정도를 위한 주거지로 이루어졌다. 앱스는 청동 주조 공방과 요업 설비를 들여놓기 위해 지어졌다. 방문객들은 그곳에서 지금은 너무나 유명한 아르코산티 종을 만드는 과정을 구경할 수 있다.

그 복합 지구에는 주민들과 자원봉사자들이 공부, 독서, 휴식 또는 다른 사람들과 교제를 나눌 수 있도록 많은 작업실들이 구비되어 있다.

도시의 소형화, 즉 도시의 규모와 수평적 확장을 축소시키는 개념은 화석 연료의 사용과 그 결과로 발생하는 오염을 줄여 준다. 도시 내에서 자동차에 대한 의존도 역시 사라지기 때문에 연료 사용이 급격히 감소한다.

건물들은 난방을 위한 양지와 시원한 온도를 유지하기 위한 그늘을 극대화하도록 신중하게 디자인되었다. 모퉁이와 아치는 미풍이 들어올 수 있도록, 창문들은 자연광을 잘 받을 수 있게끔 설계되었다.

요업과 주조소 구역에 있는 앱스는 솔레리의 어스 캐스팅 공법과 태양 에너지 개념을 드러내 주기 때문에 특히나 흥미로운 곳이다. 이 셸(shell) 형태의 건물은 미리 성형된 실트 더미 위에 현장 타설 콘크리트를 부어 지어졌다. 이 과정에서 흙은 건물 모양을 만들기 위한 형판처럼 사용되었다. 콘크리트 타설 후에 어스 캐스트(흙 형판)은 비워지거나 제거된다. 어스 캐스팅에 관한 책에서 솔레리는 다음과 같이 지적한다. "제가 앱스 효과라 명명한 수동적 태양 에너지 개념의 맥락에서 적용할 수 있기 때문에 이 방식을 사용해 오고 있습니다."

나는 도시를 디자인하는 것이 아니라 색다른 시각, 즉 도시와 관련성을 가지고 도시의 미래를 제시할 수 있는 시각을 열어 줄 개념들을 지적하고 있을 뿐이다. 문제는 존재하는 것들을 파괴하지 않고, 존재하는 것들에 무엇인가를 보태 나가는 방법들을 이끌어 내는 데 있다. 그 방법은 결국 사회와 환경이 필요로 하는 것들에 제대로 대응할 수 있는 새로운 형태로 귀결될 것이다.

나는 태양 아래에 서 있는 존재였고 그것은 현실이 내게 부여한 근원적인 양상이다. 소형화의 범주와 복잡화의 범주 사이에는 총체적인 관련성이 있으며 이 두 가지 모두 기술을 통해 혁명에 이를 수 있는 진정한 지침들이다.

아르코산티 사람들

도쿄 근방의 키류 지방에서 찾아온 도미아키 다무라는 솔레리의 미래 도시와 유기적 건축에 매료되었다. "처음에는 그저 코산티에 계신 파울로 씨를 만나 뵈러 왔지요. 그러고 나서 6주짜리 워크숍에 참여하기로 마음먹었는데, 어쩌다 보니 벌써 18개월째 이곳에 머물게 되었네요."

도미아키는 애리조나 주립대학의 대학원을 다니며 코산티에서 파울로 씨와 함께 파트타임으로 일하기 시작했다. 1983년에는 아르코산티 프로젝트를 조직하는 일에 참여해 달라는 요청을 받았다. "저는 그 프로젝트의 취지가 매우 숭고하다고 생각했습니다. 탐구해 볼 만한 아주 많은 잠재력을 지니고 있었지요. 건설이 빠르게 진행되지는 않지만, 우리는 그 계획의 본질을 간략하게 짚어 볼 수는 있습니다. 소비자 기반의 사회는 매우 근시안적입니다. 우리는 잠시 걸음을 멈추고 우리가 현재 어느 위치에 있으며 어디로 향하고 있는지를 바라볼 필요가 있습니다. 우리는 무언가, 변화를 일으키는 무언가를 할 수 있습니다."

그의 은사라 할 수 있는 파울로 솔레리에 대해 그는 이렇게 말한다. "솔레리는 수줍음 많고 겸손한 사람이죠. 자신의 주장을 굽히지 않고 고수해 왔기 때문에 솔레리는 우리 주변에서 벌어지는 일들에 대해서도 일관된 모습을 보여 줍니다. 그것이 그에게 전진할 수 있는 힘을 불어넣어 준답니다. 솔레리는 매우 일관성 있는 사람이에요. 자기가 믿고 있는 것에 온몸을 던지는 그를 저는 존경합니다."

아르코산티의 건설 감리자로 일하고 있는 데이비드 톨라스는 솔레리의 프로젝트가 하나의 씨앗이라고 생각한다. 11년 동안 자신이 그 프로젝트에 몸담았던 것에 대해 그는 "제가 에너지, 오염 그리고 도시 스프롤 현상을 유발하지 않는 상황과 관련된 문제들을 해결하는 데 기여하고 있다고 생각합니다. 그런 점에서 보면, 우리는 공통된 신념체계를 가지고 함께 일하고 있다고 볼 수 있겠죠. 파울로는 절대 타협하지 않아요. 자신이 믿는 것을 돈과 바꾸려 하지 않습니다. 그렇기 때문에 일이 더디게 진행되는 것이죠. 하지만 서서히 사람들이 몰려들고 있습니다."

나디아 베긴과 데이비드는 아르코산티에서 6살 된 아들 트리스탄을 키우고 있다. 한 아이의 엄마로서의 역할 외에도 건축계획부서의 책임까지 맡고 있는 나디아는 다음과 같이 말한다. "이곳에서 살려면 강해져야 합니다. 스스로 변화하는 과정을 겪어야 하지요. 더 좁은 공간의 관점에서 생각해야 하고 모든 사람들을 존중하는 마음을 가져야 합니다." 데이비드가 덧붙이기를, "우리는 건축의 철학, 사람들의 가치관, 개념 변화, 공유, 윤리, 사람들을 어떻게 대해야 하는지 등에 관해 파고들어야 합니다. 여기에서 이런 종류의 생활방식이 어떻게 전개되는지를 배우죠."

나디아가 이어서 말하길 "우리가 이런 곳에서 살게 돼서 다행이에요. 항상 아들과 함께할 수 있어서 얼마나 좋은지 몰라요. 우리 둘 모두 아들과 많은 시간을 보낼 수 있죠. 그리고 모두들 제 아이를 자기 아들처럼 대해 준답니다."

데이비드와 나디아의 주요 프로젝트는 주민들이 살 수 있는 거주 공간을 추가로 더 만드는 것이다. 추가적인 업무공간과 상업 공간도 또한 계획에 포함되어 있다.

파울로와 함께 일하는 것에 대해 데이비드는 이렇게 말한다. "아주 멋드러진 공동작업이죠. 파울로는 자신의 스타일 속에서 사물들이 어떻게 되어야 하는지를 정확하게 파악하고 있습니다. 거기에 배울 점이 있습니다. 그는 우리가 의견을 제시하길 기대합니다. 우리의 생각을 존중하고 또한 깊이 생각하죠. 그도 우리의 재능에 의지하곤 합니다."

나디아는 자신과 파울로 사이를 도제와 장인과의 관계처럼 여긴다. "이런 방식으로 저와 파울로 씨의 관계는 더 좋아집니다. 우리는 그의 생각들을 실현하기 위해 일합니다."
도미아키 다무라와 메리 호들리 같은 일부 멤버들은 그 프로젝트의 처음 시작 단계부터 함께해 왔다. 솔레리는 다음과 같이 따뜻한 말을 던진다. "그런 사람들과 함께할 수 있었기에 지속성과 헌신 그리고 행운이 나와 함께한 것이지요."

'아르코산티의 수뇌'로 알려진 메리 호들리는 그 프로젝트의 시작부터 함께해 왔다. 메리는 공사가 시작되기 전인 1960년대의 캘리포니아식 생활 방식을 훌훌 던져버리고 아르코산티에 발을 내딛었다. 이제 19살인 그녀의 딸 캐서린은 최초의 2세대 아르코산티 사람(Arcosantian)이다. 호들리는 아르코산티가 자원의 절약에서부터 연령 차별이 없는 점 등 모든 면에서 보았을 때 이치에 들어맞는다고 생각했다.
일관성을 느끼고 가능성 있는 해결책의 한 부분을 감지했기 때문에 호들리는 아르코산티에 머무르고 싶은 열망을 가졌다. 이곳에서 펼쳐지는 개념은 도시와 야생을 모두 아우르는 것이다. 이 두 가지와 매우 근접하여 일상생활과 일을 영위할 수 있다는 사실은 많은 선택을 가능하게 해준다.

그녀는 아르코산티에서 아이들을 키움으로써 추가적으로 풍부한 유익을 얻을 수 있다는 것을 느꼈다. "그 덕분에 저는 항상 제 딸과 함께 있을 수 있을 뿐더러 여전히 모든 일에 다른 사람들과 같이 참여하여 도움을 줄 수 있습니다."

호들리의 남편인 로저 토말티는 아르코산티 워크숍 프로그램에서 수석강사를 맡고 있고 호들리는 건축부지 조정 일을 한다.

저는 아르코산티가 매우 고결한 곳이라고 생각합니다. 무엇이든지 항상 개선이 필요한 점은 있게 마련이고 아르코산티와 같은 곳은 더 많이 지어져야 합니다. 하지만 나머지 세계와 비교해 보았을 때 그곳 사람들 대부분은 매우 감수성이 예민하고 지성적이며 개인들을 돌볼 줄 압니다. 저는 그들을 만난 것에 대해 매우 감사하게 여깁니다. 제가 찾고 있었던 많은 것을 깨닫게 해주는 사람들을 만났다고 생각합니다. 아직도 제 기억 속에 그들이 남아 있습니다. 저는 많은 사람들이 해보지 못한 방식으로 이 지구에서의 존재에 관해 생각하며 6개월의 시간을 보냈습니다. 당장 현실로 돌아오면 우리가 존재의 과정 속에 있다는 사실을 모르고 지나치게 됩니다. 일상의 업무와 절차들 때문에 사람들은 그것을 대부분 깨닫지 못하고 살아갑니다. 말이 되는지는 모르겠지만, 저는 그 사실을 깨닫기도 전에 모든 것들을 생각해 볼 수 있는 시간을 가졌습니다. 행동을 낳는 생각의 서막이었습니다. 정말로 값진 경험이었습니다.

— 영국의 서레이(Surrey)에서 제임스 로린슨(James Rawlinson)이
아르코산티에서의 경험을 회상하며

옆) 9킬로그램의 청동 잉곳을 섭씨 1400도에서 녹인다.
아래) 청동을 모래 거푸집에 붓고 있다.

아르코산티 종들

아르코산티의 농업

아만다 메러는 아르코산티의 농업 코디네이터이다. 애리조나 토박이인 그녀는 불모지에 대한 관심과 토지와 밀착하여 일하고자 하는 욕구를 가지고 있었기에 아르코산티로 오게 되었다. "여기에서 저는 실험도 하고 배울 수도 있습니다." 메러는 메사추세츠 주에 있는 햄프셔 대학을 다녔는데 그곳에서는 학생들이 자신의 교과과정을 직접 짤 수 있었다. "저는 생태계의 복구와 조경 설계에 주력했습니다."

호피 인디언에게서 영감을 얻곤 하는 메러는 인간 정주지의 역사를 생각할 수 있는 계기를 이끌어 낸다고 말한다. "우리는 토종작물을 비옥한 평원에 심습니다. 토지에 미치는 영향을 최소화하려고 노력하기 때문에 유기농법으로 재배하는 방식이 적합하죠. 우리는 이 땅의 청지기일 뿐입니다."

전통적인 방식의 과수원을 조성함으로써 용수를 보존할 수 있는데, 농작을 위해 선큰 모판(sunken bed)을 이용하고 지푸라기나 나뭇잎, 때로는 신문지 등을 거름으로 사용함으로써 그것이 가능하다. "사막을 농경지로 일구는 것은 더더욱 어려운 일인데 왜냐하면 기온 변화가 매우 크기 때문

입니다. 저희는 바람, 벌레와 더불어 낮의 열기, 밤의 한기에 대처해야 합니다."라고 메러가 말한다.

아르코산티에서는 화학비료와 화학살충제가 사용되지 않기 때문에 곤충들에 대해 아는 것이 매우 중요하다. 메러는 다음과 같이 말한다. "우리는 꽃가루와 화밀을 필요로 하는 이로운 곤충들 또는 진딧물을 잡아먹는 무당벌레, 거미 그리고 사마귀와 같은 유익한 포식 곤충들을 적극적으로 활용해야 합니다."

고추와 살충제용 비누를 섞은 몇 가지의 식물성 스프레이로 곤충 수를 조절한다.

과수원과 밭에서는 놀라울 정도로 많은 종류의 농작물이 재배되는데, 당근, 오이, 근대, 오크라, 가지, 토마틸로, 콩, 호박, 옥수수 등 다양하다. 과수원에서는 복숭아와 작은 포도밭도 볼 수 있는데 최근에는 와인을 만들 수 있을 정도의 포도를 수확하기도 하였다.

메러는 일이 없는 시간 동안 기타를 치거나 그림을 그린다. 하지만 그녀의 가장 중요한 목표는 "이곳에서 번창할 수 있는 농업 프로그램을 확실히 자리매김하는 것입니다. 이룰 수 있는 것이 너무나도 많이 있어요."

워크숍 프로그램

다양한 직종에서 일하고자 하는 사람들에게 비록 캠핑 생활과 같은 조건이지만, 아르코산티는 일년 내내 워크숍을 제공한다. 우선 1주짜리 강도 높은 세미나를 통해 아르코산티 프로젝트와 환경과 관련된 쟁점들, 그리고 파울로 솔레리의 도시 디자인 철학에 대해 심도 있게 고찰한다. 그리고 추가적으로 4주 동안 참가자들은 실트 캐스팅(silt casting), 실제 건축공사, 그리고 아르콜로지의 철학을 순수 체험할 수 있는 기회를 갖는다.

많은 미국 단과, 종합 대학들이 아르코산티 워크숍에 대하여 학점을 인정해 주고 있다. 참가비 또한 적절한 수준이다. 800달러의 참가비로 5주 프로그램의 수업료와 숙식비까지 모두 해결된다.

엘더호스텔 프로그램(Elderhostel program)을 통해서 적어도 55세 이상의 사람들이 아르코산티 워크숍에 참여하는 데 용기를 얻는다. 솔레리는 특히 이 집단을 좋아한다. "엘더호스텔 그룹들은 우리가 이야기하는 것들에 대해 가장 마음이 열려 있습니다. 젊은이들과 이야기 나누는 것도 매우 중요하지만, 엘더호스텔 참가자들은 경험이 많은 사람들이지요. 많은 이들이 물질적 풍요를 누렸지만 무엇인가 심하게 잘못되어 가고 있다고 생각합니다."라고 솔레리는 회고한다.

수많은 특별 프로그램들 또한 연중 내내 준비되어 있다. 솔레리의 조각, 풍경, 그리고 건축모델을 위한 어스 캐스팅 기술에 대한 강좌 또한 개설되어 있다.

최근에 있었던 농업 관련 워크숍에서는 국제생태농업연구소(International Institute for Ecological Agriculture)의 회장인 캘리포니아 출신 데이브 블럼(Dave Blume)이 모습을 나타냈다. 이 협회는 자체적으로 준비한 프로그램들을 열기 위해 아르코산티의 시설들을 임대한 많은 단체들 중 하나이다. 아르코산티에서 개발 중인 새로운 패러독스 인턴십 프로그램은 사이버 스페이스와 아르콜로지와의 관계를 탐구할 것이다. 비록 솔레리가 "저는 사이버 스페이스에 대해서는 완전 문외한입니다. 그것에 관해 이야기를 나누어 보는 것이 중요하다고 느낍니다."라고 말하더라도 말이다.

아르코산티 답사하기

아르코산티의 대지가 자연 상태로 남아 있기 때문에 새를 비롯한 동물들을 관찰할 수 있는 더 없이 훌륭한 기회를 얻을 수 있다. 들새 관찰에 열성적인 사람들은 벌새, 노랑 되새, 제비, 파랑 왜가리 그리고 아름다운 주홍색 딱새 등을 볼 수 있다. 또한 올빼미, 매, 독수리, 그리고 썩은 고기를 먹는 터키 독수리 포함한 맹금들도 많이 있다.

피닉스에서 아르코산티로 이동하다 보면 많이 보이던 사구아로 선인장이 점점 사라진다. 이 자리를 천연 자연과 조경이 조화를 이루어 관목 크기의 오크나무, 프리클리 패어(prickly pair), 머스키트(mesquite, 콩과 식물의 일종), 미루나무, 곱향나무, 아카시아 등이 채우고 있다. 아르코산티에는 사이프러스, 버드나무, 올리브 나무를 더 심었는데, 올리브를 수확하여 병 제품으로 만들어 방문객 갤러리에서 판매하기도 한다.

아르코산티의 소유지에서는 영양, 마운틴 라이온, 살쾡이, 스컹크, 자벨리나의 무리들을 볼 수 있으며, 가끔씩은 불곰도 눈에 띈다. 그곳에는 수많은 토끼, 메추라기, 로드러너(roadrunner, 뻐꾸기과의 일종)가 살고 있다. 습한 절기에는 거대한 두꺼비가 지하의 피신처에서 밖으로 나오기도 한다.

전갈과 방울뱀도 빼 놓을 수 없는 관찰대상이다.

자연환경에 대해 강조하는 솔레리의 생각에 발맞추어 마을 건축물 근방의 협곡 정상부에 위치한 마인즈 가든(Minds' Garden)은 주민들과 방문객들 모두가 평온한 순간을 즐길 수 있도록 마련된 곳이다. 이곳에서는 거칠 것 없는 사막이 관찰자들의 시선 앞에 펼쳐진다. 아구아 프리아(Agua Fria) 강과 사막 생물들도 볼 수 있다. 주민들은 아르코산티의 주요 인물들과 작업 참가자들의 독특함이 배어 있는 몇몇 조각품을 만듦으로써 자신들의 흔적을 남겨 놓았다. 그것들 중 하나는 아르코산티 입구에 위치해 있는 장 자크(Jan Zach)의 조각품이다. 겉으로 보기에는 철로 만든 것처럼 보이지만 실제로는 선박용 합판으로 제작했다. 에폭시 코팅을 함으로써 본래의 형태와 색이 유지된다.

아르코산티를 둘러싸고 있는 사막 지역에서는 기온이 섭씨 38도 가까이 올라가거나 낮을 때는 -1도까지 떨어진다. 이러한 혹독한 환경 속에서도 사막은 놀라운 다양성을 보여 준다. 다양한 종의 유기체들과 식물 지대가 종종 전형적인 사막의 전형적인 동면 기후 조건에서 자라나고 기후 조건과 하루의 시간 변화에 따라 성장해 나간다. 그러나 비가 내리면 잔디와

위) 아르코산티 북쪽에 위치한 마인즈 가든
옆) 장 자크의 조각 작품

같은 식물들은 너무나 빨리 자라나서 전에 황색의 생기 없어 보이던 풀들이 이제는 녹색의 무성한 풀들로 변해 버린다. 조그마한 생명체들이 소생하기 시작하고 자취를 감추었던 서식동물들이 몇 시간 전만 해도 죽어 버린 듯했던 이곳에 나타난다.

이곳에서는 세균과 박테리아와 같이 육안으로는 관찰할 수 없는 더 작은 생명체들을 깊이 있게 생각해 보거나 상상해 볼 수 있다. 바위 위에서 자라는 이끼와 조류의 공생 관계로 인해 결국은 바위가 부서져 흙이 된다. 이러한 과정으로 더 큰 식물들이 산중턱 바위 한복판, 예상치도 못한 곳에서 자랄 수 있다. 모든 것들은 사막 기후에 맞추어 성장 패턴을 갖는다. 각 생명체들은 모두 생명주기(life cycle)를 형성하는 데 중요한 역할을 담당한다.

콜리 솔레리 음악센터

야외 공연을 위한 이상적인 공간이 이곳에 있다. 태양빛을 막기 위한 상부의 둥근 콘크리트 패널과 꼭대기를 가로질러 펼쳐져 있는 캔버스 천은 그 모습이 자연스럽다. 이 원형의 공연장은 500석을 갖추고 있다. 공연들은 1980년에 솔레리의 부인이자, 미술과 문화 활동을 적극적으로 지원했던 콜리를 추모하는 의미로 시작되었다. 매년 공연들과 라이트 쇼-다채로운 빛에 의한 전위예술 표현-가 5월에서 10월에 걸쳐 펼쳐진다. 이런 공연들로 이탈리아의 밤, 재즈의 밤, 그리고 빛과 소리가 어우러진 쇼로서 아르코산티 주민들이 절벽 면에 그림자 모양을 투영시키는 인기 높은 퍼포먼스인 픽토그래프2000 등이 있다.

볼트는 뜨거운 사막의 태양을 피할 수 있어 진행 중인 건설 프로젝트를 위한 작업 구역으로도 사용된다.

낮에 본 콜리 솔레리 음악센터와 저녁 공연 모습

피에르 테이야르 드 샤르댕과 솔레리

파울로 솔레리는 프랑스 예수회 일원이었던 피에르 테이야르 드 샤르댕을 자주 거론한다. 그의 글에서 솔레리의 신학적 관점을 읽을 수 있다. 그의 저서『사랑과 행복에 관해(On Love and Happiness)』에서 테이야르 드 샤르댕은 다음과 같이 적고 있다.

> 행복, 그러니까 완전한 행복을 누리려면 우리는 어떻게든 간에 직접적으로나 또는 점진적으로 더 넓은 영역 – 일련의 조사와 모험, 아이디어, 추측 또는 원인 – 으로 확장되는 매개 수단을 통해 우리 인생의 궁극적 관심사를 우리가 살고 있는 이 세상의 진보와 성장으로 전환시켜야 합니다.

그의 책『물질의 본성(The Heart of Matter)』에서는 이렇게 말한다.

> 심지어 지금 이 세기에도, 여전히 인간은 우연한 상황이 이끄는 대로 살고 있다. 매일의 먹을 것과 오래 사는 것 외에는 다른 목적 없이 살아간다. 개인적 삶의 차원을 벗어나는 임무에 매료되어 사는 사람들을 손가락

으로 헤아릴 수 있을 정도로 적다. 바로 이 순간, 우리는 국가적 노력이 무엇을 의미할 수 있는지 감지한다. 그렇더라도, 성숙한 인류로서 목적 없이 떠돌다가 멸망하지 않으려면, 국가적 노력을 명확하고도 완전하게 인류적 노력으로 끌어올리는 것이 필수적이다. 오랫동안 이러한 노력을 기울인 후 더 이상 인간이 애쓰지 않아도 될 때, 시간 스스로 그 운행 과정을 이끌어 가고 가야 할 길을 제시할 것임을 인류는 어느 순간 깨닫게 될 것이다.

테이야르 드 샤르댕의 진화론적 철학에 영향을 받은 솔레리는 "우리는 신 앞에 선 아이들이 아니라 신성의 주인이다. 그렇기 때문에 이 물질적 우주를 신성한 우주로 만드는 것은 우리의 몫이다."라고 말한다.

프랭크 로이드 라이트는 환경과 조화될 수 있는 주택들이나 건물들을 지었기에 그렇게 유명해졌다. 문제는 환경과 조화되는 한 채의 주택이 모두가 반겨 맞을 수 있는 무엇인가라는 이유만으로 우리는 자신들을 기만하고 있다는 점이다. 그러나 20억 채의 주택을 지어야 한다면, 더 이상 환경과 조화로울 수 없기 때문에 문제에 처하게 될 수밖에 없다. 결국 이 부분에 와서 어떤 망상적 사고가 발견된다. 그것은 우리 모두를 파괴하는 그런 망상일 뿐이다.

따라서 이것이 생활 세계가 작동하는 방식임을 믿기 때문에 정반대로 짓고자 한다. 아무리 하찮은 시스템일지라도 그것은 사물들이 외파된 것이 아니라 사물들이 내파되어 한데 어우러지는 것이다. 사람들은 이런 생각, 즉 한데 어우러진 사물들을 배경으로 삶이 운행된다는 생각 자체를 수용할 자세조차 보이지 않고 있다.

지구의 인구

알도 레오폴드는 보존의 필요성에 대한 솔레리의 이론에 뜻을 같이 한다. 자신의 저서 『모래 군의 열두 달(A Sand County Almanac)』에서 레오폴드는 "인간은 자신 외의 나머지 자연을 관리하고 통제할 수 있는 권리를 가진 우월한 종족이 아니다. 차라리 인간은 생명 공동체의 평범한 일원이라 할 수 있다. 인간이 생명 공동체의 고결함과 안정, 아름다움을 보존하고자 한다면 옳은 일이다. 그렇지 못할 때 바르지 못한 길로 나가는 것이다." 다음의 통계자료는 도시 스프롤 현상의 영향과 아르코산티 프로젝트를 통해 파울로 솔레리가 지속적으로 기울이고 있는 노력에 대해 생각하고 있다면 깊이 들여다 볼 가치가 있다.

- 인류의 시작으로부터 1800년대까지 거주자가 1백만이 넘는 도시는 지구상에 없었다.
- 200년 후, 300개가 넘는 도시들의 인구가 100만 명을 초과한다.
- 오늘날 세계 인구는 60억이 넘는다.
- 세계인구의 일일 증가량은 거의 25만 명에 이른다. 인구조사국에 의하

면 매일 375,252명이 태어난다.
- 지금으로부터 십 년 남짓한 시간이 흐르면, 세계인구가 10억 명 이상 증가할 것이다. 그와 같은 인구 증가의 거의 절반이 미국에서 일어날 것인데, 미국 내에서 매년 400만명 이상의 아기들이 탄생하기 때문이다. 미국은 세계의 산업화된 국가들 사이에서 인구의 자연 성장률이 가장 높은 국가 중 하나이다.
- NPG(Negative Population Growth, Inc.)에 따르면, 2050년까지 전 세계 인구는 9,309,051,539명으로 늘어날 것이다.
- 미국의 중산층 정도의 생활 방식이 지속된다면 지구는 10억 또는 20억의 사람들조차 지탱해 줄 수 없다.

레오폴드의 "인간이 생명 공동체의 고결함과 안정과 아름다움을 보존하고자 한다면 옳은 일이다."라는 비평과 솔레리의 환경에 대한 헌신은 모든 인간들이 인간과 자연의 필요에 어떻게 대처해 나갈 수 있느냐 하는 문제를 깊이 생각해 봐야 할 단서를 던져 준다.

보존의 필요성

석탄, 석유 그리고 천연가스와 같은 화석연료를 연소시키면서 매년 약 6백만 미터톤의 탄소가 대기권으로 들어간다. 오존 효과 관찰팀장인 존 파사칸탄도(John Passacantando)는 1996년 연간 보고서에서 다음과 같이 밝힌다. "미국은 전체 오존을 파괴하는 화학물질의 30퍼센트를 유발하고 있으며 세계 이산화탄소 배출의 거의 4분의 1을 차지한다. 따라서 산업과 농업을 개선하기 위해 애쓰고 있는 개발 도상국가들뿐 아니라 선진국들도 환경적으로 건전한 모델을 채택해야 한다."

유독성 화학물질과 화석연료의 사용은 산림 화재와 벌채와 함께, 수목의 탄소 저장량을 줄임으로써 기후의 대변동을 야기하고, 그로 인하여 생태계에 복구할 수 없는 손상을 입힌다. 또한 경작지의 변화와 건강 문제, 그리고 심지어 가뭄, 홍수, 혹서를 일으키는 심각한 기후변화로 인한 인명 피해까지 초래한다.

솔레리는 소형화가 해답을 지니고 있음을 강력히 지지했는데, "개인적 필요 사항들을 줄임으로써 환경에 가하는 나쁜 영향이 감소되어 더욱 복합적 접근을 통한 조화를 이룰 수 있다."는 주장이다. 그의 접근방식은 더 나아가 인류가 "보다 고도로 그리고 더욱 활기찬 맥락에서" 번영할 수 있게 해 준다.

우리가 나아가야 할 바는 명백하다. 우리 세대는 환경을 보존하고 악영향을 최소한으로 줄이기 위해 힘써야 한다. 우리는 아르코산티와 같은 프로그램들을 통해서 물질적인 필요를 줄임으로써 더 나은 선택을 할 수 있다는 것을 배울 수 있다. 솔레리가 이것의 중요성을 말하지만 성패는 우리 모두에게 달려 있다.

아르코산티 관광

아르코산티 여행을 통해 언젠가 바다 위나 우주에서 볼 수 있을지도 모르는 솔레리의 미래 환경에 대한 심층적인 정보를 얻을 수 있다. 조 헨슨과 같은 노련한 여행 가이드는 방문객들이 솔레리의 아르콜로지와 그곳에서의 삶에 대해 잘 이해할 수 있을 만한 곳들로 안내한다. 헨슨은 이와 같은 발상이 어떻게 세계의 모든 도시에서 힘을 발휘할 수 있는지를 사람들에게 가르쳐 줘야 한다는 책임감이 강한 것 같다. 그는 "이 메시지를 사람들에게 전달할 때 저는 삶의 희열을 느낍니다."라고 말한다.

헨슨은 또한 방문객 갤러리를 운영·관리하고 있다. 그곳에서는 수백 개의 아르코산티 종들과 그 외에도 도서, 아르코산티에 관한 솔레리의 비디오처럼 아르코산티를 추억할 수 있는 다양한 것들을 볼 수 있다.

매년 아르코산티 주민들의 작품 두 개가 갤러리에 전시된다. 1998년에는 베이커리 제빵 책임자인 린다 포니어의 구슬 장식 보석과 유지보수 책임자인 론 챈들러의 철 조각 작품이 선정되기도 했다. 챈들러의 전자 벌레들(electronic bugs)은 컴퓨터 산업을 풍자한다. 아르코산티에서 9년 동안 지낸 포니어는 자신의 보석 작품에 자연스러운 형태와 색을 사용한다. "저는

도기, 뼈, 뿔, 조개껍질과 같이 자연스러운 형태와 유리구슬로 더 많은 직조물을 만드는 것을 즐겨요. 이곳에서 볼 수 있는 사막의 색들 또한 제 작업에 영향을 주고는 해서 구슬을 고를 때 반영되기도 한답니다. 저는 옅은 초록, 옥색, 갈색 계열, 그리고 태양이 질 때 볼 수 있는 핑크과 자줏빛 계열의 색들을 사용해요."

다양한 아르코산티산 저장식품, 올리브 그리고 샐비어 가지 또한 방문객 갤러리에서 구매할 수 있다.

아르코산티의 객실은 소박하긴 하지만 합리적인 가격과 인상적인 사막의 전망을 제공한다.

최소한의 도시 조명만을 갖추고 있어서 별을 구경하기에는 안성맞춤이다. 엘더호스텔 참가자들은 그린하우스 객실에서 숙박하는데 아르코산티 프로젝트의 검소함을 드러내듯, 그곳에서는 일부 화장실이 공용이다. 스카이 스위트는 간이부엌 하나와 침대방 두 개가 있다. 높은 곳에 자리 잡은 이런 방들에서 바라보는 전망 또한 가슴 벅차게 한다.

나는 현실이 제 모습을 스스로 드러낼 수 있도록 그 켜들을 미세한 단계의 조각들로 파헤쳐 낸 사람으로 기억되고 싶다. 이 말의 의미는 모든 진화 과정은 결국 최상의 노력이자 유일한 노력, 즉 현실을 그 자체로 이해 가능한 상태에 올려 놓는 노력임을 깨닫게 된다는 것이다. 나는 그것이 스스로 드러남, 즉 현실을 그 자체로 인식 가능한 것이 되도록 유도하는 열망이라고 생각한다.

도시 스프롤 현상은 격리와 고립을 조장한다. 아르코산티와 같이 소형화된 도시는 공동체 의식을 부활시킨다. 한데 어우러져 사는 것은 삶이 그 고유한 실체를 드러내는 지점이다.

연보

1919 파울로 솔레리 이탈리아 토리노에서 출생.

1933 가족과 함께 프랑스의 그르노블로 이주, 산업예술학교에서 공부.

1935-1939 이탈리아의 리체오 아티스티코의 토리노 앨버틴 아카데미에서 학업 지속.

1941-1946 토리노 공대(Torino Polytechnico)에서 건축학 박사학위 취득과 함께 졸업.

1947-1948 애리조나 주에 있는 프랭크 로이드 라이트 재단의 회원으로서 미국으로 이주, 탈리에신 웨스트 18개월 장학금을 받고 도제로 참가. "Beast 교량"이 당시 진행한 계획안임.

1949 애리조나 주 피닉스 근처의 사막에서 탈리에신 출신인 마크 밀스(Mark Mills)와 함께 케이브 크릭의 돔 주택(The Dome House)을 설계, 작업. 그 결과물로 냉, 난방 수동형 태양열 이용에 관한 내용을 책으로 출간.

1949 콜리 우드(Colly Wood)와 결혼.

1950-1955 이탈리아로 돌아옴. MIT에 "우주적 잠재성(Cosmic Potentials)" 연구안이 채택되어, 인간 주거지에 적용될 태양에너지의 적외선, 수력과 조력의 관계를 조사하는 연구 수행.

1951-1952 이탈리아의 아말피 해안의 비트리 술 마레(Vietri Sul Mare)에 있는 요업제품 공장(솔리메네 예술 도자기, Artistica Ceramica Solimene)을 설계, 건설. 후에 청동 풍경을 생산하는 공방으로 발전.

1956 아내와 두 딸과 함께 애리조나의 스콧데일에 정착. 후에 코산티 재단이 될 토지를 구입하고 그의 실험적인 어스 하우스를 이곳에 건설.

1958 룩셈부르크에 다기능 교량 설계 경기에 출품하고, 맨해튼 섬 크기의 지역에 2백만 명을 거주시키는 메사 도시계획안(Mesa City Project) 착수.

1961 메사 도시계획안으로 그래함 재단으로부터 순수예술 연구로 지원금 수혜. 뉴욕시현대미술관(MOMA)에서 개최된 공상적 건축(Visionary Architeture) 전시회에 메사 도시계획안 초대 전시.

1962 솔레리의 철학적, 교육적, 연구적, 건축적 작업을 선보이게 될 비영리 교육재단인 코산티 재단 발족.

1963 수공예 분야에서 미국 건축가협회(A.I.A)가 수여하는 '올해의 장인' 상 수상. 템페에 있는 애리조나 주립대학으로부터 워크샵을 교육과정으로 인증받기 시작.

1964 20여 개의 대학을 순회하며 전시회를 개최하여 수공예 작업을

보여 주고 슬라이드 강의를 진행했으며 '메사 도시 계획안'으로 '건축과 인간 생태학' 분야의 연구를 위하여 구겐하임 지원금 받음.

1965 코산티 재단을 애리조나 주에 법인으로 등록하고 생태학 개념에 대한 연구를 진행하기 위하여 두 번째 구겐하임 지원금 수혜. 워싱턴 중부 주립대학 제4회 연례 심포지엄 "무국적 가치, 일하는 인간"에서 논문 "여가 생활의 기원"을 발표.

1966 럿거스(Rutgers)대학에서 "환경, 대학, 인간의 복지" 학술회의에서 강연.

1968 럿거스 대학에서 기금을 받아, 미국 뉴저지 주의 교통 체계 설계 계획안 착수. [뉴욕과 필라델피아 사이에 연결된 "3차원의 저지(3D-Jersey)" 중 하나로서 3차원 도시 설계. 포드 자동차 회사가 백만 명을 위한 도시구조 속에서의 교통과 관련된 필수적인 자료 제공 위하여 작업 협조.]

1969 구겐하임 재단에서 지원 받은 작업의 결과로, 아르콜로지 연구 저서인 『아르콜로지: 인간의 형상 속 도시(*Arcology: the City in the Image of Man*)』(MIT Press) 출간.

1970 아르코산티에서 건설공사 시작.

1970 워싱턴의 코코란 갤러리(Corcoran Gallery)를 비롯한 미국과 캐나다의 대형 박물관 몇 군데서 자신의 건축 전망에 대한 전시회 개최.

1971 피닉스 도시 관리청으로부터 부탁을 받아 피닉스 미술 박물관(Phoenix Art Museum)에 설치된 조각품인 "기부자(Il Donnone)" 디자인. 다음해 제작 설치.

1973 『물질과 정신 사이의 교량은 물질이 정신이 되는 것이다(The Bridge Between Matter and Spirit is Matter Becoming Spirit)』(Doubleday) 출간.

1976 두 개의 대형 전시회 "두 태양의 아르콜로지(Two Suns Arcology)"와 "태양에서 힘을 얻는 도시(The City Energized by the Sun)"를 뉴욕 로체스터의 제록스 스퀘어(Xerox Square)에서 개최. 또 미국 과학기술 센터협회의 주선으로 미국 순회전시회가 이루어졌으며 "아르콜로지를 향하여 — 진행 중인작업"이란 주제로 미국 30개 대학을 순회하며 전시회와 강연. 또 캘리포니아 리버사이드 카운티 공원국의 위촉으로 원예시설의 강력한 냉·난방을 위한 태양열에너지센터 시설 설계.

1978 애리조나 주의 스콧데일 제어스 미술관에서 전시회 개최.

1979 이스트 크레센트 복합건물(East Crescent Complex)로 『P.A.(Progressive Architecture)』지에서 수여하는 건축 설계 표창장 수상.

1981 애리조나의 피닉스에 있는 디콘치니 주택(DeConcini House) 설계 및 시공 세계 건축 비엔날레에서 금메달 수상.

1983 워싱턴의 히르쉬호른 미술관에서 "현대미술관에서의 이상향의 전망"에 솔레리의 작품이 포함되어 전시.

1984 국립미술관에서 전시된 "지난 시절의 미래" 기획전시회에 솔레리의 작품이 포함되어 전시.

1989 이탈리아의 칼라브리아 주 레지오에 있는 제노바 연구대학에서 열린 제3회 유토피아 연구 국제회의에서 유토푸스상(Utopus Award) 수상, 전시.

1991   새로운 "아르코산티 2000" 마스터플랜을 시작했으며, 6월에 "파울로 솔레리: 진행 중인 작품들" 전시회와 아르코산티 초대행사 개최.

1993   스콧데일 센터에서 "솔레리의 도시들: 혹성 지구 위에서와 그 이후 건축"을 전시.

1994   애스테로모 '94(Asteromo '94) 모델 의뢰 받음. 일본의 메이 미술 센터(Mei Center for the Arts) 시공.

1995   애리조나의 글렌데일에 위치한 글렌데일 지역사회대학의 야외 공연장을 설계, 건설 책임. 아르코산티 건물 일부(Arcosanti Critical Mass III)의 증축 설계.

1996   스콧데일 AZ 운하 프로젝트를 위해 보행자용 다리 설계 책임. 일본 초고층 빌딩 연구위원회(Japanese Hyper Building Research Committee)의 요청으로 도쿄에서 열린 심포지엄에서 초고층 빌딩 아르콜로지(Hyper Building Arcology)를 설계 및 전시.

2000   서울에서 개최된 세계 건축 환경 디자인대회 참석하기 위해 방한.

* 더 자세한 내용은 www.arcosanti.org를 참조하시기 바랍니다.

용어 해설

솔레리의 요약 설명

아르콜로지(Arcology)
건축과 생태학의 합성어. 아르콜로지는 파울로 솔레리가 발상한 것으로, 새로운 도시 주거지를 조성하기 위해 건축과 생태학이 혼합되어 하나의 통합된 과정 속에서 작용하는 것을 구체화한 도시의 개념이다.

아르코산티(Arcosanti)
이 용어는 아르콜로지(Arcology)와 코산티(Cosanti)에서 유래했으며, 건축과 생태학이 환경과 조화를 이루는 상태를 의미한다. 아르코산티 프로젝트는 우리가 도시를 건설하는 방식에 대한 새로운 접근을 나타낸다. 그 목적은 아르콜로지적 개념으로 조사하고 실험하는 것이다. 일상생활과 학습과 일을 통합하는 것은 그 프로젝트의 주요 목표 중 하나이다. 진정한 효율성을 고려한 삼차원의 도시는 지구의 생태계와 대기를 생각한다. 그것은 지구를 오염시키지 않는다.

코산티(Cosanti)

사물을 의미하는 이탈리아 단어 코사(cosa)와 앞(前) 또는 대항(against)을 의미하는 'anti'에서 탄생한 용어로서, 반물질주의를 표방한다. 코산티는 파울로가 만든 용어이며 자신이 평생의 작업으로 삼은 계획의 기저에 깔린 사상을 말해 준다. 코산티는 코산티 재단의 스콧데일 사무실을 수용하고 있고 스콧데일과 아르코산티의 방문객 갤러리에서 전시 중인 코산티 고유 종(Cosanti Original bells)을 생산하는 본부이다.

아르콜로지 혹은 생태학적 건축

이 용어는 1입방마일당 수십 명의 사람들이 일상을 영위하고 일하고 교육과 문화생활을 누리고 여가활동을 할 수 있을 만큼 '고밀한' 도시 구조를 의미한다. 따라서 대도시의 화려함, 도시 근교의 적막함에 바래 버린 무력하고 얕은 켜들은 변형되고 소형화되어 활기와 변화로 가득한 거대한 도시 입체가 될 것이다.

아르콜로지와 인간

문화의 산물인 인간은 활동 범위를 엄청나게 넓혀 갈 수 있는 도구를 얻은 셈이다. 교육과 문화, 생산, 서비스, 놀이, 자연 상태의 시골을 언제든 체험할 수 있다. 인간은 집에서 걸어 나와 이 모든 혜택을 누릴 수 있다. 집은 인간이 주인이 되는 곳이며 원하기만 하면 스스로 마련하고 구축해 갈 수 있는 장소이다.

아르콜로지와 변화

우리가 소유한 도시들에서 우리는 도시의 도움을 받아 살아가는 것이지 도시를 위해 살아가는 것은 아니다. 따라서 우리가 가진 것을 끊임없이 개선해 나가려고 노력해야 됨은 물론이거니와 인간의 요구들에 부합하는 새로운 시스템을 개발하는 데 부단한 노력을 기울여야 한다. 한마디로 말해 아르콜로지는 오늘날의 사회를 위한 효율적인 하부 구조이다.

아르콜로지와 차원

증폭되는 모순에 현재 휩싸여 있는 거대도시와 교외지역에서 자행되는 땅과 시간, 에너지의 낭비, 그리고 그 부는 폐물인 양 버려야 한다. 아르콜로지에는 두 가지 차원의 환경이 있다. 우선 넓고 자애로우면서도 야수적이며 생명으로 가득한 광대한 자연이 있고 인간의 편의를 돕는 잘 조직되고 강력한 고밀의 인공 환경이 있다. 생기가 없는 숨막히는 시스템 하에서 끝없이 수평으로만 퍼져 나가는 공동주택 대신에, 수직 구조를 이루는 세 번째 차원의 환경에서 인간은 사물의 척도로서, 인간 자신과 자연의 자비로운 척도로 거듭날 것이다.

아르콜로지와 규모

규모는 행위를 목표에 맞춰 나갈 수 있게 해 주는 특성이다.
굶주린 사람을 푸짐한 테이블에 앉히지 못하는 배치가 인간적이지 않은 배치이다. 치수와 비례, 시각적 포착은 인간적이냐 비인간적이냐를 구분하는 부차적인 항목들일 뿐이며 이 기준도 개인들이 부여받은 실제적인 힘이 어디까지 뻗어갈 수 있는가에 따라 결정된다. 건물과 도시가 약속한 역할이 가능성의 영역에서 멀어질 때가 되어서야 건물과 도시는 그 안에 사는 사람들에게 적정 규모를 벗어난 곳이 된다.

아르콜로지는 그 엄청난 위력을 잃지 않으면서도 규모 면(400평방마일당 1입방킬로미터의 체적)에서나 기능적인 면에서 모두 인간적 규모를 보여 준다.

아르콜로지와 토지 보호

아르콜로지 자체가 고밀도이기 때문에 농지가 더 많이 확보되고, 스프롤 현상을 보이며 거대도시와 교외지역이 잠식하고 있는 땅의 90% 혹은 그 이상을 보호·유지할 수 있다. 도시 주민이 되면서도 동시에 농촌 사람이 되는, 즉 도시와 농촌 생활 모두를 만끽하여 누릴 수 있게 되면 아르콜로지는 사람들이 살기 원하는 장소가 될 것이다. 아주 멋진 도시를 만들어 내는 일이 토지 보호를 위한 유일한 해결안이다.

아르콜로지와 천연자원

광석과 연료 보유량은 무한하지 않다. 배타적이며 사적인 소유에 신성함을 부여하면서 이러한 자원의 축적된 부를 낭비하는 것은 가장 완곡하게 지적하더라도 미친 짓이다. 화학과 생화학은 이러한 자원을 위해 놀랄 만한 미래를 선보일 것이다. 그때가 되면 이러한 자원의 대부분은 인간의 탐욕 대상에서 멀어진 2류의 자원에 머무르게 될 것이다. 아르콜로지의 검약한 특성은 지구의 자본을 고갈시키지 않고 소비 대신에 지구의 수확

물을 이용하는 방향을 취할 것이다.

아르콜로지와 산업

미국의 경제와 생활에서 발견되는 자동차의 파괴적인 활보는 앞으로 15년 이상 지속되지 않을 것이다. 미 국방부의 전쟁 무기에 대한 탐욕스러운 질주도 마찬가지이다. 자동차는 스포츠 판으로 물러나 진기한 볼거리로 전락한 말의 운명을 그대로 밟게 될 것이다. 전쟁 무기들은 인간을 파괴하거나 아니면 인간에 의해 제거될 것이다.

지구의 경관 위에 인간적이며 아름다운 '문화 경관'을 아로 새겨 넣어야 할 중대하고 당면한 임무가 있다. 각 아르콜로지는 그 고유한 표준화와 자동화 시스템, 스스로의 의지로 성장하는 인공두뇌학적 유기체를 갖춘 하나의 산업이 될 것이다. 아르콜로지는 퇴보하는 산업이 아니라 발전하는 산업이 될 것이다.

아르콜로지와 환경오염

우리는 환경오염의 위협에 시금 현재 당면해 있지만, 장기간을 내다보았을 때 그 결과들은 달라질 것이다. 그것들은 행성의 전반적인 지구 물리학적, 생화학적 균형은 물론 유전적 구조에 자연히 맞물리게 될 것이다. 아르콜로지에서 에너지 효율성의 비율은 엄청나게 증대될 것이며 결국 환경오염은 크게 감소할 것이다. 환경오염은 낭비 풍조가 만들어 내는 직접적 악영향이다. 낭비 풍조를 근절하는 것이 곧 오염을 막는 일이다.

아르콜로지와 기후

아주 춥거나 무더울 경우, 그 중간 정도의 어떤 기후 조건과 마찬가지로 아르콜로지의 고밀화된 집적성 때문에 가장 원만한 작업 환경이 조성될 것이다. 공기조절은 외부와 차단되어 밀폐된 방식이 아니라 땅과 외부 공간까지 확장되어 공기층이 구조체를 감쌀 것이다. 밀폐된 용기가 아니라 개방된 도시인 아르콜로지의 기후는 그 지역의 기후에 근접될 수 있도록 조절될 것이다.

아르콜로지와 낭비풍조

2000평방피트(약 186평방미터)의 면적당 높이가 3인치(7.62센티미터) 정도의 스프롤에서 인간은 그저 종이 위에서 활동하는 것과 마찬가지인 것처럼 거대도시와 교외지역도 종이 위에서 작동될 뿐이다. 이 두 곳은 현실화되기 위한 실질적이면서도 본질적인 작용을 결코 하지 못할 것이다. 그곳은 현실이 아니라 그저 유토피아일 뿐이다. 아르콜로지는 조화로운 시스템이 될 수 있으며 이를 통해 개인 생활이나 사회생활의 복잡하고도 전반적인 제반 시설을 갖춘 낙관적인 시스템이 될 것이다.

아르콜로지와 비용

연구와 실험에 드는 기본비용은 어쩔 수 없이 클 것이다. 급진적 전환에 드는 비용은 결코 많이 들지 않을 것이다. 아르콜로지의 구체적인 계획과 생산에 드는 비용은 동일한 인구를 수용하지만 그에 버금가는 삶의 완전성을 얻어 낼 수도 없는 거대한 난장이들인 현재 도시의 비용의 일부분에 지나지 않을 것이다.

아르콜로지와 노화

판에 박힌 노화가 진행되는 곳에서 유연성과 역동성은 찾아볼 수 없다. (몰락하는 시스템은 그 본성상 유연하지 않다.) 이러한 특질은 구조체의 모든 영역이 생기로 넘쳐 흐르는 곳에서 찾아질 수 있다. 퇴화의 속도가 개인의 성장 속도, 즉 어린 시절, 청년기, 장년기, 노년기를 거치는 속도와 동일하게 진행된다면 개인 자체는 퇴화될 것이다. 자신의 의미를 찾고자 하는 근심은 인간을 파괴할 것이다. 아르콜로지는 인간 정체성의 거울과도 같으며 인간 활동의 조력자이다.

아르콜로지와 후진국

아르콜로지를 통해 기계 시대를 넘어 인공두뇌학적인 문화로 도약할 수 있는 가능성이 열릴 것이다. 따라서 인간의 로봇화, 환경의 황폐화, 자동차에 대한 예속, 성공한 서양의 역사가 만들어 낸 폐해들을 피해 갈 수 있는 기회가 열릴 것이다.

아르콜로지와 여가 생활

정보와 커뮤니케이션의 즉각적인 피드백, 대폭 줄어든 거리로 인한 교통과 이동의 신속함이 수반된 인공두뇌학적 시스템은 여가 생활을 진정으로 누릴 수 있게 해 주는 유기체이다.

대부분은 아니더라도 많은 시민들에게 이런 여가는 가정에서 출발해 전체 도시의 하부구조 전반에 이르기까지 도시의 풍요로움을 느끼며 누릴 수 있는 자발적인 활동이 될 것이다. 이러한 일은 예술가, 실무자, 장인, 관련 시민에게 주어진 새로운 임무이자 도전이 될 것이다.

아르콜로지와 차별

차별은 인종은 물론 종교와도 관련된다. 삶 자체는 물론이거니와 행위나 모든 연령 대에 영향을 미친다. 사회의 모습은 직접적이지는 않지만 그 생활공간의 형상에 영향을 받는다. 하나로 일체된 시스템이 차별 없는 문화를 조성해내는 데 최상의 조건이다. 자신을 보살피는 일이 전체를 돌보는 일로 확장될 것이다.

아르콜로지와 침략, 범죄

침략과 범죄는 의미 없는 것을 의미 있는 것과 연결시키는 가교와 밀접히 관련되어 있다. 따라서 더 좋은 가교를 찾아내야만 한다. 만일 인간이 위험과 폭력을 일삼기 원하게 되고, 좌절과 범죄가 사회를 산산이 파멸시키게 된다면 아르콜로지의 대담함과 그 구조의 복잡함은 전쟁이나 분쟁, 비열함을 막을 수 있는 긍정적 대안이 될 수 있다.

아르콜로지와 의료 시설

아르콜로지에서는 시간과 공간의 장애가 최소화되기 때문에 기능의 복잡성이나 기능의 상호 전환이 이루어질 수 있다. 아르콜로지의 모든 것이 시장으로 여겨질 수 있고, 교육 기관으로 간주될 수 있고, 생산

체계나 놀이터가 될 수 있는 것처럼, 진정한 의미에서 아르콜로지는 총체적인 의료 시설로 간주될 수 있다. 가정 내의 의료 행위는 병원 치료만큼이나 편리하고 전문적으로 될 것이며, 비용도 훨씬 덜 들고 친밀감도 더 커질 것이다. 간호사와 의사들은 이 병실 저 병실 옮겨 다니듯이 이 집 저 집으로 이동하기 때문에 가족 의사 개념이 다시금 현실화 될 것이다. 진료소나 클리닉, 병원은 항상 도보 거리에 있기 때문에 무관심의 여지들이 거의 없어질 것이다.

아르콜로지와 생존
1평방마일 위에 미사일 탄두를 정확히 꽂는 일은 그리 먼 미래의 이야기가 아니다. 아르콜로지에서는 아주 신속하게 피난할 수 있다. 왜냐하면 기초와 대피소, 자동화 산업단지를 위해 마련된 넓은 지하 구조는 훌륭한 대피 시스템으로 사용될 수 있기 때문이다. 아르콜로지는 인간에 대한 신념을 물리적으로 표현해 놓은 것이다. 따라서 그것은 생존을 위한 플랫폼 그 이상의 무엇이다.

아르콜로지와 지하
사람들은 지하 생활을 좋게 생각하지 않는다. 인간은 태양과 공기, 빛, 계절들을 누리는 생물학적 동물이다. 인간은 심미적 동물이기 때문에 그의 감각은 순수한 미학적 가치들을 유용하게 만들려는 데 점점 더 집중된다.
지하는 복잡한 기술을 필요로 하는 환경, 즉 압력과 진공 상태, 열기,

추위, 희박한 공기 등을 제어하게 만드는 자동화 생산에 최적의 장소이다. (그곳은 또한 감각이 없거나 무감각한 인간에게 이상적인 장소이기도 하다.)

아르콜로지와 공간들

인간은 평평한 공간이라 불릴 만한 것을 지금까지 경험해 왔다. 인간이 자신을 정확히 알고 아르코롤지가 만들어 내는 깊은 공간에서 살게 될 공간 시대가 그 평평한 공간을 순화시킬 것이다.
인간은 철저하게 수평적인 삶을 영위하기 때문에, 인간 사회의 밀도는 수직적인 방식으로만 성취될 수 있다.

아르콜로지와 공간

만일 우리가 어떤 방식으로든지 '공간' 안에서의 삶을 살 수밖에 없다면, 이러한 삶은 소형화의 차원을 가질 필요가 있다. 옥상이 아니라 내부에 거주하기 때문에 아르콜로지에는 내부화된 요소들과 축약된 요소들이 있다. 이러한 점에서 아르콜로지는 땅과 바다를 수용하는 건축이면서도 공간을 담는 건축이다.

아르콜로지와 신성

고갈되지 않는 에너지, 무한한 공간, 한없는 시간은 분산되어 있는 자연의 운행 요소들이다. 성공하려는 사람은 그 자신의 무한성, 즉 자비롭고 심미적인 우주의 무한한 복잡성을 만개시키기 위해서 이 요소들의 소량을 취해 탄탄한 다발을 만들어야 한다.
구체적으로 삶은 겹겹이 쌓인 사물들의 층에 있다. 삶의 성찬 형식들은 그 '고밀한' 연약성 속에 숨어있는 엄청난 위력에 있다.

아르콜로지와 노인병학

'이동성'이 낳은 폐해, 적어도 그것의 직접적 영향 중 하나는 제도화된 노인들의 집단 거주지이다. 사물과 사고들이 분산되는 보편적인 현상처럼 가정도 4개의 파편으로 와해되고 있다. 아이들과 부모들 조부모들, 그리고 잘 모르고 지내는 친척들 이렇게 말이다. 모든 사람들은 나이를 먹기 마련이기 때문에 노인들을 소외시키는 현상을 몸으로 느끼게 될 것이다. 하지만 보험회사나 사회보장제도는 이러한 현상에 무심하기 때문에 인간이 시장의 상품으로 전락되지 않도록 노력해야 한다.
'아크롤로지의 삶'이 지향하는 가치들은 서로 다른 세대들을 다시 엮어줌으로써 가정의 여러 끈들을 응집시키는 데 가장 좋은 것이다.

아르콜로지와 놀이

놀이터는 냉혹함과 험악함, 위험이 늘 있게 마련이며 이로 인해 퇴색된 세속적 세계의 무관심한 면모를 잘 드러내는 정주지에서 즐거움을 소소히 제공하는 활동 영역이다. 놀이터는 격리의 경향을 가진다. 이른바 훌륭한 공공장소에 어린이들이 없다는 것은 실망스러운 현상이 아닐 수 없다. 어린이는 원래 무책임하고 파괴적인 성향을 보이며 '다른 세계'와 차단되어 있기 마련이다.

아르콜로지는 '환경 친화적인 장난감'과도 같다. 소형화된 하나의 우주로서 아크롤로지는 끊임없이 흥분과 자극의 요소들을 제공한다. 그곳에서는 울타리로 둘러싸인 놀이터는 없을 것이다. 전체 도시 자체가 놀이의 한 측면인 학습 과정을 아이들이 경험할 수 있는 장소가 된다.

아르콜로지와 청년들

젊은이들과 권력을 가진 사람들 즉 가정이든 국가든 정책을 결정하는 사람들 사이의 분열은 기성세대의 설교와 행동 사이의 불일치와 유사한 양상을 보인다. 위선의 물결은 그칠 줄 모르고 저항의 여지없이 만연하고 있다. 반감의 세태들은 때론 무모하고 때론 냉소적이지만 그것은 자아도취의 한계 속에 사로잡힌 유물을 어떻게 다루느냐의 문제이다. 단순한 유물로 남아 있는 것이 희망찬 무엇에 의해 제거된다면, 앞으로 오게 될 사물의 양상은 익명성, 부적절성, 임시방편의 바다에서 표류해서는 안 된다. 과거의 신이 불완전한 인간을 '제대로 도움을 못 주고' 기술은 이 인간의 인간성을 퇴색시킴에 따라 위력적이며 보수적인 '실용성'을 포기하고 리얼리즘을 향해 나아가는 것이 젊은이들에게 가장 필요한 일이다.

아르콜로지는 몰개성적인 잔존물의 무형적인 용기 대신에 삶을 위한 구조물을 원하는 사람을 만족시킬 수 있는 이상과 전망이 담긴 그릇과 같다.

아르콜로지 그리고 실용성과 현실성

실용성의 기능은 현실적인 것을 도구화시키는 것이다. 현실성의 기능은 실용성이 작용하는 원인, 방식, 장소, 시기를 지시해 주는 것이다. 이 반물질주의적 교의는 '자유로운' 기업의 방종과 편리주의에 대한 맹목적인 숭배 속에서 그 자취를 잃어 가고 있다. 편리함이라는 것의 대부분은 부적절하고 비현실적이다. 자유로운 인간의 목표에 부합하지 않아서 비현실적인 것은 아니다. 실용성은 잘 공들인 도구의 정교하고 부드러운 날이 아니라 현실이라는 무거운 화물 열차 위에 덧씌워진 너저분한 파사드일 뿐이다. 현실성은 실용성의 방편을 통해서 얻어질 수 있는 것이다. 우상처럼 받들어 질 때마다 실용성은 부차적인 방편일 뿐이다. 아르콜로지는 이러한 편협한 입장이 담긴 실용성을 완전히 비현실적인 것으로 여기고 그것을 거부한다.

아르콜로지와 정체성

교외 지역과 거대도시의 스프롤 현상이 끝도 없이 전개되고, 체계적인 구조의 부재로 혼돈스러운 모습들이 만연하고, 모든 것이 흐려져 제대로 인식되지 못하고 있기 때문에 개인의 정체성은 환경의 정체성만큼이나 찾아보기 어렵다. 아르콜로지는 물리적인 모습의 정체성이나 다름없다. 아크롤로지의 모든 것은 포착되고 인식되며 그 비밀스러운 부분의 세세한 양상들은 무한하고 끊임없이 변화과정을 거친다.

아르콜로지와 문화

개인들과 사회에서 이루어지는 복잡한 일들을 어릴 때부터 몸소 체험하고, 대도시의 삶을 올바르게 만드는 사물들과 제도들을 필수적으로 접하고, 이와 동시에 자연의 한가운데서 살면서 느낄 수 있고, 사회 생활의 폭넓고 의미있는 다양성을 즐기는 일은 저절로 이루어질 것이며 개인들은 모두 아르콜로지에 깊이 아로새겨진 독자적 존재를 이룬다. 아르콜로지는 하루 종일 물리적인 차원에서 인간에게 부여될 수 있는 가장 총체적 문화이다.

아르콜로지와 미학

자연의 아름다움은 시간과 공간이라는 경외의 저장소에서 얻어지며 그곳에서 사물들은 타당하고 합리적이면서도 자비롭게 개연성이 드러내는 질서 속에 제자리를 잡고 있다. 인공미의 기원인 미학은 또 다른 자연의 하나라고 할 수 있다. 미학은 인간의 활동에서 우연적으로 생기는 것이 아니라 인간들 자체의 본질이다. 미학은 검약해져야 할 필요가 있다. 미학은 개연성과 예언 가능성을 없앤다. 그것은 종합적이며 변형 가능하다. 그것은 항상 지극히 합리적이기 때문에 결코 비합리적이지 않다. 또한 미학은 단순히 공명정대한 정도여서는 안 된다. 왜냐하면 자비로운 차원도 가져야 하기 때문이다.

자연의 발생론적 미학을 통해 인간은 현실의 구조를 접하고 자신의 상에 따라 새로운 우주를 구성해 낸다. 아르콜로지는 이러한 형태들 중에 하나이다. 아르콜로지는 본질적으로 심미적이며 자비로운 현상이다.

아르콜로지와 정치

현재의 도시들을 만들어 냈던 여러 세대들이 오랫동안 모종의 관련을 맺어오고 있기 때문에 바람직한 회복을 위한 희망이 너무 미약할 정도로 이해관계들이 촘촘히 얽혀 있다.

삶의 이유였던 것이 삶을 와해시키는 것으로 변해 가고 있다. 도시의 너무 많은 것들이 다 쓴 카트리지가 되어 버렸고 견고한 자연과 같은 것은 거의 없다. 도시의 많은 문제들을 대충 들여다보면 이런 저런 이해관계나 이런 저런 집단들을 약화시키는 결과만 초래한다. 그래도 이런 태도는 기껏해야 우리가 문제들을 다루며 할 수 있는 일이다. 도시 문화는 본질적으로 복잡성의 위력을 가장 잘 드러내 주는 것이다.

아르콜로지와 소형화

물질에서 정신으로 진화되는 과정에서 현실은 되도록 짧은 시간과 좁은 공간에 좀더 많은 것들을 집어넣기 위해서 다양한 소형화 단계를 거친다. 현실의 연속된 각 양상들은 엄청난 수준의 복잡성을 거치기 때문에 우연과 혼돈으로부터 조화와 적합성으로 바뀌는 이러한 과정은 필수적이다. 높은 단계의 유기체일수록 무한한 우주의 광년을 살아온 나무토막보다 더 많은 일이 발생할 여지를 가지고 있다. 따라서 그 유기체는 시계 바늘이 한번 똑딱거리는 시간 동안 엄청나게 빨리 활동하는 것이다. 이러한 소형화 과정이 진화의 근본적인 법칙 중 하나인 것도 어찌 보면 당연하다. 인간의 불안 대신에 초유기체가 구축되기 때문에 새로운 단계의 소형화 과정이 절박하게 요구된다. 아르콜로지는 바로 이것을 향한 일보인 셈이다.

아르콜로지의 소형화는 지구의 스케일을 '연장시키도록' 유도하고 사람들이 대양과 궤도 위의 땅으로 이주할 수 있게 해 준다. 또한 궤도상의 땅은 지구의 기후를 변화시키는 기능을 할 것이다. 따라서 인구 폭증은 다른 차원의 의미를 가질 것이다. 지구와 지구 밖의 마을과 도시들은 아르콜로지의 장이 될 것이다.

아르콜로지와 대칭

다른 무엇보다 다음 세 가지 종류의 대칭이 있다. 즉 구조적 대칭, 기능적 대칭, 형태적 대칭이 대표적이다. 구조적 대칭은 어쩌면 우주 전체에서 발견되는 양상일 것이다. 이것은 점, 선, 면 그리고 대칭 공간 주변에 분포하는 필수적인 힘의 균형이다.

기능적 대칭은 단세포이든 아주 복잡하든지 간에 모든 유기체에서 아주 분명하게 드러난다. 기능적 대칭은 살아 있는 유기체와 그 비대칭적 행위를 구성하는 에너지 균형 상의 끊임없는 동요를 직접 해결해 준다. 이런 대칭이 없다면 유기체는 항상 균형 잡히지 않은 상태에 머물러 있을 것이다. 다시 말해 삶에 제대로 적응하지 못할 것이다. 형태적 대칭은 다른 모든 종류의 대칭들이 인간의 정신과 감성에 새겨진 것이라고 해도 좋을 것이다. 기능과 구조가 아무리 형태적 대칭성에 가하는 영향이 크다 하더라도 인간은 시각의 필요성과 감각적 대칭에 여전히 매달릴 것이다.

대칭이 완벽하면 할수록, 행위의 활력은 더 커진다. 아르콜로지도 예외가 아니다. 특히 아르콜로지가 보여 주는 그 엄청난 구조적, 기능적 복잡성을 고려해 보면 말이다. 지적하고 넘어가야 할 점은 아르콜로지가 개별적 사용자들에게 대칭적이지는 않다는 것이다. 즉 개별 사용자들은 전체에서 항상 편심적 위치를 차지하지만 전체 자체는 대칭을 유지하고 부분들은 개별성을 가지는 것이다.

아르콜로지와 이동성

구조는 특정한 활동에 적절한 윤곽을 규정한다. 사회의 여러 활동을 여과시키고 수용하고 변경하는 그 구조는 도시계획을 통해 제시된다. 사회의 이동성은 이주의 물결이 아니라 사회적 신체의 몸과 기능, 관계성, 정신과정의 섬세하고 영원한 변환 가능성에 있다. 이동성을 돕는 구조가 결여되어 있다고 가정하는 것은 분해되고 있는 육체가 살아 있는 신체의 기능을 할 수 있다고 말하는 것과 같다. 더욱이 희박성이 이동성에 도움이 된다고 가정하는 것은 자연이 삼차원적 유기체를 만드는 데 별 필요가 없다고 말하는 것과 같다.

아르콜로지의 뚜렷한 구조와 그에 맞는 삼차원은 이동성을 실제로나 제대로 실현시킬 수 있는 기초가 될 가능성이 어느 정도 있다. 아르콜로지에서는 강제적인 이동성, 즉 즉각적인 요구들에 대처하기 위해 사람들과 사물들을 지배하고 강압하는 그런 이동성은 불필요하다. (서로 협동하지 않게 되면 생계의 원천을 상실하는 벌을 받게 된다.) 강제적인 이동성에서 벗어난 자유롭고 기능적인 이동성은 그 이동역학이 한껏 발휘될 수 있기에 충분한 활동 범위를 제공한다.

아르콜로지와 거리

거리는 힘을 얻기 위한 일종의 세금과도 같다. 난무하는 자동차로 인해 그 세금은 인간의 문화를 좀먹고 있다. 자동차는 사물들을 사방에 뿔뿔이 흩어지게 만들고 그것들을 점점 더 심하게 분리시키고만 있다. 그것들 하나하나에 차례로 도달하는 것은 점점 더 어려워지고 한번에 그 모두에 도달하는 것 자체도 불가능하다는 사실을 곧 자각하게 될 것이다. 산재함의 본성과도 같은 감속과 가속, 만성적인 나태함과 굼뜸 때문에 초고속의 도시 교통 시스템은 꿈조차 꿀 수 없는 환상이 되어 버릴 것이다.

아르콜로지에서는 거리의 척도는 도보와 분 단위로 결정된다. 몇 분 안 걸리는 도보 거리에서 차는 의미 없는 존재이다. 자동차를 사용할 기회조차 없을 것이다.

아르콜로지와 생명공학

동물은 하나의 정신으로 이루어진 유기체이다. 도시는 천 개의 정신으로 이루어진 유기체이다. 이 점은 생물학적 유기체와 도시 사이에서 발견되는 가장 중요한 차이점이다. 게다가 이 천 개의 정신은 그대로 정지해 있지 않다. 그 정신들은 아주 심하게 움직이지만, 세 개 혹은 네 개씩 묶여 (가정을 이루며) 좀 더 정적인 영역성(집)을 확보한다. 계획가에게 맡겨진 임무는 수천의 정신을 충족시킬 수 있는 일종의 신체를 조직해 내는 일이다. 내적인 중심 즉 두뇌가 생물학적인 차원에서 신체의 기능을 제어하는 중심이지만, 도시적 차원에서는 천 개의 두뇌로 이루어진 외피가 신체를 통제하는 중심이라고 할 수도 있다.

생물학적 실체의 정신적 과정은 중심화되고 내부화된다. 반면에 도시의 정신화 과정은 분산되고 표피화된다. 피부가 주로 방어적이며 동물적 신체를 유지하는 조직이지만, 도시의 외피는 아주 일시적이며 존재론적 인 구조이다. 따라서 사회적 신체를 소형화시켜 내파되게 하려면 소형화 된 유기체의 가장자리를 향하도록 천 개의 두뇌를 미세한 단위로 파열시 켜야 한다. 생물학적 용기(개인) 안에 저장된 정신은 외부에 펼쳐진 자연 의 광대함과 내부에 인공적으로 소형화된 공간 모두를 지각할 수 있게 해 주는 표피에 배치되어야 한다. 이것이 바로 아르콜로지의 모습이다.

아르콜로지와 가상국가

도시 유기체는 즉석에서 사용할 수 있는 새로운 도구를 가지고 있다. 도시 유기체는 노동자들의 비생물학적 두뇌를 전송시킬 수 있다. 그 어떤 신체에도 구속되지 않기 때문에 이 비생물학적 두뇌는 집단화될 수도 있고 내부화될 수도 있다. 결국 생물학적인 것과 도시적인 것의 구분이 바뀌게 된다. 생물학적 차원에서 두뇌와 신체는 단일하고 공간적 으로도 서로 일치한다. 도시 유기체에서 두뇌는 분리된 요소로 가정된다. 한 부분은 개인들에게 속해 있는 단일한 두뇌의 결집체를 이루고, 다른 부분은 유기체의 중심부를 차지하는 결집된 비생물학적 두뇌를 이룬다. 도시 유기체에서 정신은 공간적으로는 두뇌다발과 분리되어 있지만 동 시에 작용되는 독립적이면서도 상호의존적인 다발 상태를 가진다. 이로 써 도시의 정신적 혹은 생각하는 외피를 구성하는 것이다. 도시 유기체의 기능에서 모든 행위들이 파열할 때 정신과 두뇌가 결합된 다발이 외피를 향하게 되며 이때 '두개골 상자'가 생기게 된다. 이것은 기계적이고 화학적으로 구성되지만 생물학적 차원으로 발전되지 않는 그림자 두뇌이다. 개별적인 정신들이 유기체 전체에 내재하고 있는 복수성을 통제하는 반면 중심화된 두뇌는 응집적이며 도구적인 기능을 담당한다. 아르콜로지는 바로 이러한 유기체인 것이다.